After Effects
数字影视合成案例教程

主　编◎李　晨　李晓静　王　静
副主编◎李　夏　陶　慧　梁明利

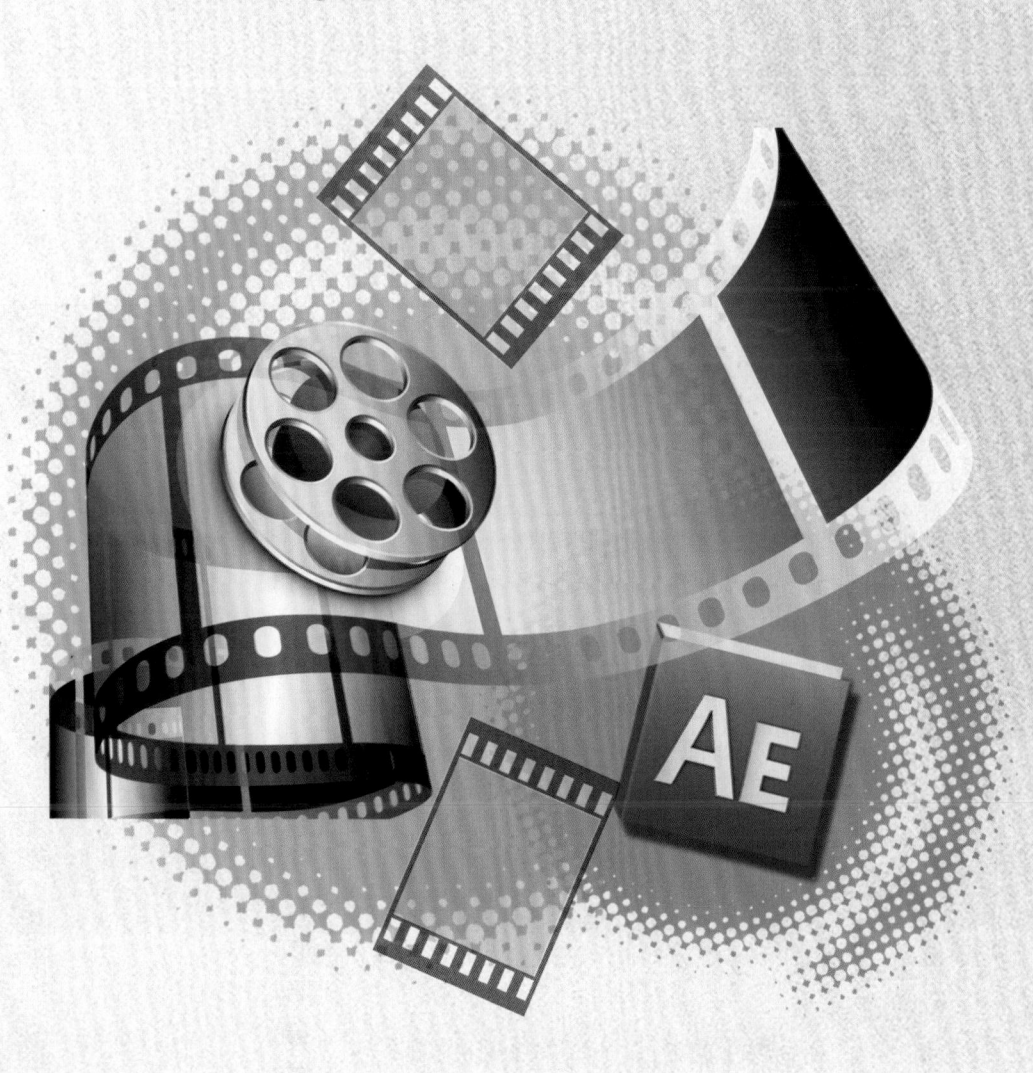

北京理工大学出版社
BEIJING INSTITUTE OF TECHNOLOGY PRESS

内 容 提 要

本书由12章组成，分别是After Effects基础知识、图层、关键帧动画、抠像技术、文字动画、表达式、遮罩、稳定与跟踪、三维合成、渲染输出、插件——光效插件Optical Flares、插件——粒子插件Trapcode Particular。其中第2章～第9章为本书的核心章节，每章节均设有基础案例和进阶案例，满足不同基础的学生学习。每章前均设置了学习目标，学习目标一目了然；每章后设计了职场小知识，适合学生了解就业方向；每个操作案例的关键点都设计了操作小技巧提示，方便学生快速掌握操作技巧。此外，网络资源部分还配套了原案例的视频教程、素材、PPT、课后习题、学习检测表等。

本书适合高等院校数字媒体艺术设计、数字媒体技术、动画设计、艺术设计专业的学生学习影视后期创作使用，也适合喜爱影视后期创作的人群参考。

版权专有　侵权必究

图书在版编目（CIP）数据

After Effects数字影视合成案例教程 / 李晨，李晓静，王静主编. -- 北京：北京理工大学出版社，2023.6
ISBN 978-7-5763-2502-7

Ⅰ.①A… Ⅱ.①李… ②李… ③王… Ⅲ.①图像处理软件—高等学校—教材 Ⅳ.①TP391.413

中国国家版本馆CIP数据核字（2023）第113363号

出版发行 / 北京理工大学出版社有限责任公司
社　　址 / 北京市海淀区中关村南大街5号
邮　　编 / 100081
电　　话 /（010）68914775（总编室）
　　　　　（010）82562903（教材售后服务热线）
　　　　　（010）68944723（其他图书服务热线）
网　　址 / http：//www.bitpress.com.cn
经　　销 / 全国各地新华书店
印　　刷 / 河北鑫彩博图印刷有限公司
开　　本 / 889毫米×1194毫米　1/16
印　　张 / 12　　　　　　　　　　　　　　　　　　　　　　责任编辑 / 钟　博
字　　数 / 336千字　　　　　　　　　　　　　　　　　　　文案编辑 / 钟　博
版　　次 / 2023年6月第1版　2023年6月第1次印刷　　　　　责任校对 / 周瑞红
定　　价 / 89.00元　　　　　　　　　　　　　　　　　　　责任印制 / 王美丽

图书出现印装质量问题，请拨打售后服务热线，本社负责调换

前言 PREFACE

　　After Effects软件是由Adobe公司推出的一款影视后期制作软件,是目前影视后期制作的主流软件之一。After Effects以其强大的图像、视频处理功能,被广泛应用于影视短片制作、影视特效制作、电视栏目包装、动画制作等方面。

　　数字时代,越来越多的影视作品依赖后期制作,社会对影视后期制作从业人员的需求量不断增加。高等院校以培养高素质、应用型人才为己任,而应用型人才的培养,对教育工作者提出了相当高的要求,既要培养学生的专业技能,又要使学生具备一定的艺术创造力。如何培养出优质的、符合社会需求的人才,是我们一直在教学实践中努力思考和学习的重点。

　　影视后期制作是数字媒体艺术设计、数字媒体技术、动漫制作技术等专业的一门非常重要的专业课。本书为校企合作"双元"教材,以实际应用项目为案例,分步骤逐点教学,适用和满足高等院校艺术及非艺术类学生的实际需求。本书由12章组成,分别是After Effects基础知识、图层、关键帧动画、抠像技术、文字动画、表达式、遮罩、稳定与跟踪、三维合成、渲染输出、插件——光效插件Optical Flares、插件——粒子插件Trapcode Particular。其中,第2章~第9章为本书的实操核心章节,每章节均设计了一个基础案例与一个进阶案例,满足不同基础的学生学习;每章前均设置了学习目标,学习目标一目了然;每章后设计了职场小知识,适合学生了解就业方向;每个操作案例的关键点都设计了操作小技巧提示,方便学生快速掌握操作技巧;每个步骤均配有操作截图,语言简洁易懂,案例由浅入深、内容丰富、生动有趣。

　　本书的配套资源收集了数字影视特效及界面设计初级、中级、高级三个级别的职业技能等级要求,还涵盖了数字影视特效制作及界面设计初级、中级、高级三个级别的职业技能等级考试样题,可满足高等院校"1+X"职业技能等级证书考试中数字影视特效制作(初级/中级)

及界面设计（初级/中级）两项考试需求，同时能满足大学生艺术节、"互联网+"创新创业大赛、长三角创业大赛等多项大学生竞赛需求，为"岗课赛证"融通型教材。

本书编写过程中，得到了郑州电力职业技术学院领导与济源职业技术学院领导的大力支持，参加本书编写的老师都是教学经验丰富的教师。本书由郑州电力职业技术学院李晨担任第一主编，编写第6章、第7章、第8章；济源职业技术学院李晓静担任第二主编，负责学术指导；郑州电力职业技术学院王静担任第三主编，编写第2章、第4章、第5章；李夏担任第一副主编，编写第3章、第9章；陶慧担任第二副主编，编写第11章、第12章；梁明利担任第三副主编，编写第1章、第10章。河南凡纳德文化传播有限公司栗培祥、高美文，郑州电力职业技术学院高金珂、冯美玲、李兰兰、李园青、何广超、郭婷婷、于春霞、李萌参与编写。

由于编者水平有限，书中难免存在疏漏之处，敬请各位读者批评指正。

编　者

目录 CONTENTS

第1章 After Effects 基础知识 ········ 001
1.1 After Effects 概述 ········ 001
1.2 After Effects 的应用领域 ········ 002
1.3 After Effects 的工作界面 ········ 003
1.4 软件相关基础知识 ········ 006
1.5 文件格式及视频的输出 ········ 009
1.6 视频文件的打包设置 ········ 012

第2章 图层 ········ 014
2.1 图层的概念 ········ 014
2.2 图层的基本操作 ········ 015
2.3 图层的基本属性 ········ 020
2.4 基础案例：水滴加载动画 ········ 020
2.5 进阶案例："音乐"面板 ········ 023

第3章 关键帧动画 ········ 029
3.1 关键帧动画的原理 ········ 029
3.2 关键帧的基本操作 ········ 030
3.3 关键帧辅助 ········ 032
3.4 基础案例：加载动画 ········ 034
3.5 进阶案例：长颈鹿工作动画 ········ 038

第4章 抠像技术 ········ 045
4.1 抠像的概念 ········ 045
4.2 基础案例：绿布抠像 ········ 047
4.3 进阶案例：蝴蝶飞舞 ········ 048

第5章 文字动画 ········ 052
5.1 文字的创建 ········ 053
5.2 文字的编辑 ········ 054
5.3 "文本动画制作"工具 ········ 057
5.4 基础案例：创建霓虹灯文字效果 ········ 060
5.5 进阶案例：文字动画 ········ 061

第6章 表达式 ········ 072
6.1 表达式的使用方法 ········ 072
6.2 几种常用的表达式 ········ 073
6.3 基础案例：进度条 ········ 074
6.4 进阶案例：屏保动画 ········ 077

第7章 遮罩 ········ 087
7.1 遮罩 ········ 087
7.2 蒙版 ········ 088
7.3 基础案例：旅游宣传片 ········ 090
7.4 进阶案例：手写字效果 ········ 099

第8章 稳定与跟踪 ········ 107
8.1 变形稳定器消除抖动 ········ 107
8.2 基础案例：跟踪运动 ········ 108
8.3 进阶案例：跟踪摄像机 ········ 110

第9章 三维合成 ········ 113
9.1 三维合成原理 ········ 113

9.2 三维图层的创建 ……………………… 114
9.3 灯光的创建 …………………………… 115
9.4 摄像机的创建 ………………………… 116
9.5 基础案例：中秋——场景 1、2 …… 119
9.6 进阶案例：中秋——总合成 ……… 124

第 10 章 渲染输出 …………………… 129

10.1 渲染输出的概念 …………………… 129
10.2 渲染队列输出视频 ………………… 130
10.3 输出 ………………………………… 132

第 11 章 插件——光效插件 Optical Flares ………………………… 135

11.1 光效插件 Optical Flares 简介 ……… 136

11.2 Optical Flares 的基本操作 ………… 136
11.3 基础案例：炫酷汽车 ……………… 142
11.4 进阶案例：发光场景 ……………… 148

第 12 章 插件——粒子插件 Trapcode Particular ……………………… 163

12.1 粒子插件 Trapcode Particular 简介 … 163
12.2 Trapcode Particular 的基本操作 …… 164
12.3 基础案例：神奇的吹风机 ………… 170
12.4 进阶案例：魔法火焰 ……………… 177

参考文献 …………………………………… 186

CHAPTER ONE

第1章 After Effects 基础知识

本章导读

本章主要对 After Effects 软件的应用领域、工作界面、相关基础知识、文件格式及视频输出、视频文件打包设置等进行详细讲解。通过本章的学习，学生可以快速了解并掌握 After Effects 的入门知识，为后面的学习打下坚实的基础。

学习目标

1. 知识目标

了解 After Effects 软件，了解 After Effects 软件的应用领域，熟悉 After Effects 软件的工作界面，熟悉与软件相关的基础知识，熟悉图形图像、视频和音频文件格式及视频的输出设置。

2. 能力目标

能够获取信息和处理信息，培养和提高学生的 After Effects 素材提取能力。

3. 素养目标

培养学生理论联系实际的工作作风、严肃认真的科学态度及独立工作的能力，树立自信心。

1.1 After Effects 概述

After Effects，简称"AE"，是 Adobe 公司开发的一款视频剪辑及后期处理软件，拥有强大的视频编辑和动画制作功能，可以创建影片字幕、片头片尾和过渡，可以完成视频特效设计制作和动画设计制作等工作。After Effects 应用范围广泛，涵盖视频短片、电影、广告、多媒体及网页制作等领域，深受影视后期及动画设计人员和影视制作爱好者的喜爱，适用于电视台、影视后期公司、动画制作公司、新媒体工作室等视频编辑和设计机构。

1.2 After Effects 的应用领域

随着社会的进步、科技的发展，计算机、移动多媒体等电子设备已经进入到我们的日常生活中，我们每天通过不同的电子媒体设备了解精彩的新闻时事、生活咨询、娱乐节目等，已经成为我们生活中不可缺少的一部分。正是有了多样的电子载体，影视后期处理的发展也越来越快，影视后期处理软件的应用领域也越来越广泛。

1.2.1 影视特效制作

从 20 世纪 60 年代开始，电影开始逐渐运用计算机技术，一个全新的电影世界展现在人们面前，这也是电影业的一次革命。现在的电影作品大多数由计算机制作图像，所呈现的视觉效果有时已经大大超过了电影故事本身。

现在，电影作品中的视觉特效基本是计算机完成的。在最初由部分使用计算机特效完成电影作品，向全部由计算机制作电影作品转变的过程中，人们已经感受到了强烈的视觉冲击力。After Effects 在电影特效方面的应用如图 1-1 和图 1-2 所示。

图 1-1

图 1-2

1.2.2 动态图形制作

动态图形，英文全称为 Motion Graphic，简称 MG 动画，是一种融合了图形设计与影视动画的语言，在视觉表现上基于平面设计的原理，技术上融入影视动画制作的方法。MG 动画的应用如图 1-3、图 1-4 所示。

图 1-3

图 1-4

1.2.3 视频包装制作

视频包装制作主要包括对影视、电视节目、广告、宣传片等项目的包装制作，应用 After Effects 拥有的视频编辑和动画制作工具，可以创建影片字幕、片头片尾和过渡，可以利用关键帧或表达式将任何内容转化为动画，从而获得丰富的表现效果，出色地完成视频包装制作任务。视频包装制作的应用如图 1-5、图 1-6 所示。

图 1-5

图 1-6

1.2.4 视觉特效制作

应用 After Effects 强大的视频特效编辑工具和命令，可以在视频中设计制作令人震撼的特殊效果。视觉特效制作的应用如图 1-7、图 1-8 所示。

图 1-7

图 1-8

1.3 After Effects 的工作界面

1.3.1 菜单栏

菜单栏几乎是所有软件都有的重要界面要素之一，它包含了软件全部功能的命令操作。After

Effects CC 2019 提供了 9 项菜单，分别为文件、编辑、合成、图层、效果、动画、视图、窗口、帮助，如图 1-9 所示。

图 1-9

1.3.2 "项目"面板

导入 After Effects CC 2019 中的所有文件、创建的所有合成文件、图层等，都可以在"项目"面板中找到，并可以清楚地看到每个文件的名称、类型、大小、帧速率、媒体持续时间、入点、出点、注释和文件路径等。当选中某一个文件时，可以在"项目"面板的上部查看对应的缩略图和属性，如图 1-10 所示。

图 1-10

1.3.3 "工具"栏

"工具"栏中包括了经常使用的工具（图 1-11）。应注意的是，"工具"栏中的有些工具按钮，在其右下角有三角标记，说明其含有多重工具选项，如在"矩形"工具按钮上按住鼠标不放，即会展开新的按钮选项，拖动鼠标可进行选择。

图 1-11

1.3.4 "合成"面板

"合成"面板可直接显示素材组合效果处理后的合成画面（图 1-12 和图 1-13）。该面板不仅具有预览功能，还可以对素材进行编辑（如缩放大小和分辨率），调整面板的显示比例、视图模式、当前时间和显示标尺及图层线框等，是 After Effects CC 2019 中非常重要的工作面板。

图 1-12

图 1-13

1.3.5 "时间轴"面板

"时间轴"面板可以精确设置在合成中各种素材的位置、时间、效果和属性等，可以合成影片，还可以调整图层的顺序和制作关键帧动画。

1.3.6 浮动面板组

使用浮动面板组可以查看、组合和更改资源（图 1-14）。由于计算机屏幕的大小有限，为了尽量使工作区最大，After Effects CC 2019 提供了许多种自定义工作区的方式，如可以通过"窗口"菜单显示、隐藏面板，还可以通过鼠标拖动来调整面板的大小，以及重新组合面板等。

图 1-14

1.4 软件相关基础知识

1.4.1 像素比

不同规格的电视像素的长宽比都不一样，在计算机中播放时，使用方形像素比；在电视上播放时，使用 D1/DV PAL（1.09）的像素比，以保证在实际播放时画面不变形。

执行"合成"→"新建合成"命令，或按 Ctrl+N 组合键，在弹出的"合成设置"对话框中可以设置相应的像素比，如图 1-15 所示。

选择"项目"面板中的视频素材，执行"文件"→"解释素材"→"主要"命令，打开"解释素材"对话框，在该对话框中可以对导入的素材进行设置，如可以设置透明度、帧速率、场和像素比等。

图 1-15

1.4.2 分辨率

过大分辨率的图像在制作时会占用大量的计算机资源，可能导致系统运行缓慢，但过小分辨率的图像则会使图像在播放时清晰度不够。

执行"合成"→"新建合成"命令，或按 Ctrl+N 组合键，在弹出的"合成设置"对话框中可以对分辨率进行设置，如图 1-15 所示。

1.4.3 帧速率

PAL（Phase Alteration Line 的缩写，意为逐行倒相）制电视的播放设备使用的是每秒 25 幅画面，也就是 25 帧/秒，只有使用正确的播放帧速率才能流畅地播放画面。过高的帧速率会导致资源浪费，过低的帧速率会使画面播放不流畅从而产生抖动。

执行"文件"→"项目设置"命令或按 Ctrl+Alt+Shift+K 组合键，在弹出的"项目设置"对话框中可以设置帧速率（图 1-16）。

图 1-16

1.4.4 安全框

安全框是画面可以被用户看到的范围。安全框以外的部分在显示屏中将不会显示，安全框以内的部分在显示屏中可以保证被完全显示。

单击"选择网格和参考线选项"按钮，在弹出的列表中选择"标题/动作安全"选项，即可打开安全框参考可视范围，如图 1-17 所示。

图 1-17

1.4.5 场

场是隔行扫描的产物，扫描一帧画面时由上到下扫描，先扫描奇数行，再扫描偶数行，两次扫描完成一幅图像。由上到下扫描一次叫作一个场，一幅画面需要两个场扫描来完成。当每秒为 25 帧图像时，则由上到下扫描需要 50 次，也就是每个场间隔 1/50 s。如果制作奇数行和偶数行间隔 1/50 s 的有场图像，就可以在隔行扫描的每秒 25 帧的电视上显示 50 幅画面。画面多了自然就流畅，跳动的效果就会减弱，但是场会加重图像锯齿。

要在 After Effects 中将有"场"的文件导入，可以执行"文件"→"解释素材"→"主要"命令，在弹出的"解释素材"对话框中进行设置即可。

1.4.6 运动模糊

运动模糊会产生拖尾效果，使每帧画面更接近，以减少每帧之间因为画面差距大而引起的闪烁或抖动，但这要牺牲图像的清晰度。

按 Ctrl+M 组合键，弹出"渲染队列"面板，单击"最佳设置"按钮，在弹出的"渲染设置"对话框中进行运动模糊设置，如图 1-18 所示。

图 1-18

1.4.7 帧混合

帧混合是用来消除画面轻微抖动的方法，有场的素材也可以用来抗锯齿，但效果有限。

按 Ctrl+M 组合键，弹出"渲染队列"面板，单击"最佳设置"按钮，在弹出的"渲染设置"对话框中可以设置帧混合参数，如图 1-19 所示。

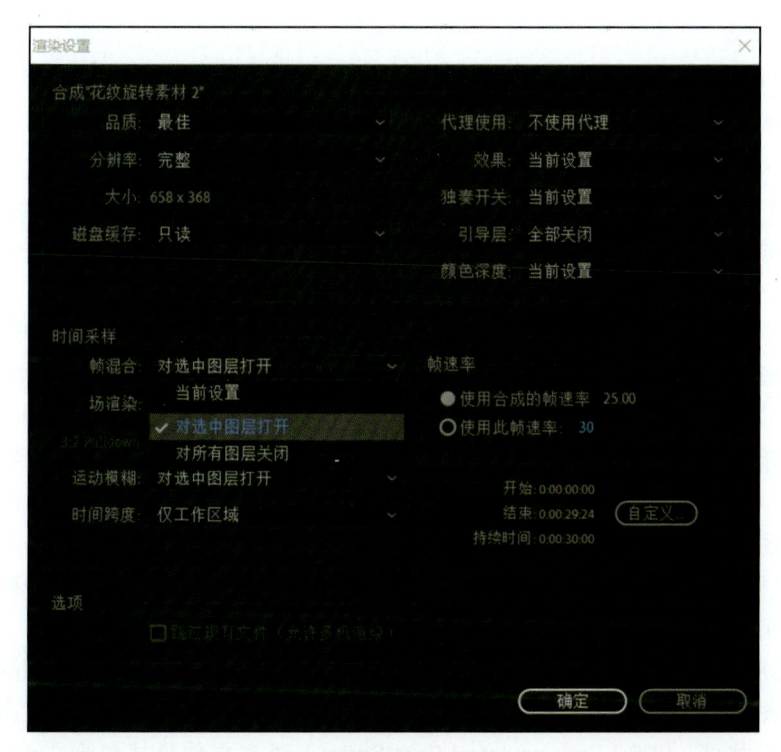

图 1-19

1.4.8 抗锯齿

锯齿的出现会使图像粗糙，不精细。提高图像质量是解决锯齿的主要办法，但有场的图像只有通过添加模糊、牺牲清晰度来抗锯齿。

按 Ctrl+M 组合键，弹出"渲染队列"面板，单击"最佳设置"按钮，在弹出的"渲染设置"对话框中设置抗锯齿参数。如果是矢量图像，可以单击 按钮，一帧一帧地对矢量重新计算分辨率。

1.5 文件格式及视频的输出

1.5.1 常用图形图像文件格式

（1）GIF 格式。图像互换（Graphics Interchange Format，GIF）格式是 CompuServe 公司开发的存储 8 位图像的文件格式，支持图像的透明背景，采用无失真压缩技术，多用于网页制作和网络传输。

（2）JPEG 格式。JPEG（Joint Photographic Experts Group，JPEG）格式是联合图像专家组推出的采用静止图像压缩编码技术的图像文件格式，是目前网络上应用最广泛的图像格式，支持不同程度的压缩比。

（3）BMP 格式。BMP（Bitmap）格式最初是 Windows 操作系统的画笔使用的图像格式，现在已经被多种图形图像处理软件所支持和使用。它是位图格式，有单色位图、16 色位图、256 色位图、

24位真彩色位图等。

（4）PSD格式。PSD（Photoshop Document）格式是Adobe公司开发的图像处理软件Photoshop使用的图像格式。它能保留Photoshop制作流程中各图层的图像信息，现在有越来越多的图像处理软件开始支持这种图像格式。

（5）FLM格式。FLM（Filmstrip）格式是Premiere输出的一种图像格式。Adobe Premiere将视频片段输出成序列帧图像，每帧的左下角为时间编码，以SMPTE时间编码标准显示，右下角为帧编号，可以在Photoshop软件中对其进行处理。

（6）TGA格式。TGA（Tagged Graphics）格式的结构比较简单，属于一种图形图像数据的通用格式，在多媒体领域有着很大影响，是计算机生成图像向电视转换的一种首选格式。

（7）TIFF格式。TIFF（Tag Image File Format）格式是一种可以存贮高质量图像的位图格式，通常用于存储照片等高质量图像。TIFF格式与JPEG格式和PNG格式一样，受到业界的广泛欢迎。

（8）DXF格式。DXF（Drawing Exchange Files）格式是一种开放的矢量数据格式，DXF格式由于拥有较强的通用性，因此被广泛使用。

（9）PIC格式。PIC（Picture）格式是一种可以记录和存储影像信息的格式，其使用针对性较强，常被用于工程制中。

（10）PCX格式。PCX（PC Paintbrush Exchange）格式是z-soft公司为存储画笔软件产生的图像而建立的图像文件格式，是位图文件的标准格式，是一种基于PC绘图程序的专用格式。

（11）EPS格式。EPS（Encapsulated Post Script）语言文件格式包含矢量和位图图形，几乎支持所有的图形和页面排版程序。EPS格式用于在应用程序间传输PostScript语言图稿。在Photoshop中打开其他程序创建的包含矢量图形的EPS文件时，Photoshop会对此文件进行栅格化，将矢量图形转换为像素。EPS格式支持多种颜色模式和剪贴路径，但不支持Alpha通道。

（12）RLA/RPF格式。RLA/RPF（Rich Pixel Format）格式是一种可以包括3D信息的文件格式，通常用于三维软件在特效合成软件中的后期合成。该格式可以包括对象的ID信息、Z轴信息、法线信息等。RPF格式相对于RLA格式来说，可以包含更多的信息，是一种较先进的文件格式。

1.5.2 常用视频压缩编码格式

（1）AVI格式。音频视频交错（Audio Video Interleaved，AVI）格式就是可以将视频和音频交织在一起进行同步播放的格式。这种视频格式的优点是图像质量好，可以跨多个平台使用；缺点是文件过于庞大，更加糟糕的是压缩标准不统一，因此经常会遇到高版本Windows媒体播放器播放不了采用早期编码编辑的AVI格式视频，而低版本Windows媒体播放器播放不了采用最新编码编辑的AVI视频的情况。

（2）DV-AVI格式。目前非常流行的数码摄像机就是使用DV-AVI（Digital Video AVI）格式记录视频数据的。它可以通过计算机的IEEE 1394端口传输视频数据到计算机，也可以将计算机中编辑好的视频数据回录到数码摄像机中。这种视频格式的文件扩展名一般也是.avi，所以人们习惯地称它为DV-AVI格式。

（3）MPEG格式。动态图像专家组（Moving Picture Expert Group，MPEG）格式是常见的VCD、SVCD、DVD使用的格式。MPEG格式是运动图像的压缩算法的国际标准，它采用了有损压缩方法，从而减少运动图像中的冗余信息。MPEG格式的压缩方法说得更加深入一点就是保留相邻两幅画面绝大多数相同的部分，而把后续图像中和前面图像冗余的部分去除，从而达到压缩的目的。目前MPEG格式有3个压缩标准，分别是MPEG-1、MPEG-2和MPEG-4。

（4）H.264格式。H.264是由ISO/IEC与ITU-T组成的联合视频组（JVI）制定的新一代视频压缩编码标准。在 ISO/IEC 中，该标准被命名为 AVC（Advanced Video Coding），作为 MPEG-4 标准的第 10 个选项，在 ITU-T 中被正式命名为 H.264 标准。

（5）DivX 格式。DivX 格式是由 MPEG-4 衍生出的另一种视频编码（压缩）标准，也就是通常所说的 DVDrip 格式，它采用 MPEG-4 压缩算法的同时又综合了 MPEG-4 与 MP3 各方面的技术，即使用 DivX 压缩技术对 DVD 盘片的视频图像进行高质量压缩，使用 MP3 和 AC3（Audio Coding 3）对音频进行压缩，然后再将视频与音频合成并加上相应的外挂字幕文件而形成该视频格式。其画质接近 DVD，但体积只有 DVD 的数分之一。

（6）MOV 格式。MOV 格式是由美国 Apple 公司开发的一种视频格式，默认的播放器是苹果的 Quick Time Player 播放器。MOV 格式具有较高的压缩比率和较完美的视频清晰度等特点，但是其最大的特点还是跨平台性，即不仅能支持 Mac OS，也能支持 Windows 系列。

（7）ASF 格式。ASF（Advanced Streaming Format）格式是微软为了和现在的 Real Player 竞争而推出的一种视频格式，用户可以直接使用 Windows Media Player 对其进行播放。由于它使用了 MPEG-4 的压缩算法，所以压缩率和图像的质量都很不错。

（8）RM 格式。Networks 公司制定的音频视频压缩规范被称为 Real Media，用户可以使用 Real Player 和 Real One Player 对符合 Real Media 技术规范的网络音频/视频资源进行实时播放，并且 Real Media 还可以根据不同的网络传输速率制定出不同的压缩比率，从而在低速率的网络上实时传送和播放影像数据。这种格式的另一个特点是用户使用 Real Player 或 Real One Player 播放器可以在不下载音频/视频内容的条件下实现在线播放。

（9）RMVB 格式。RMVB（Real Media Variable Bitrate）格式是由 RM 视频格式升级延伸出的新视频格式，它的先进之处在于 RMVB 视频格式打破了原 RM 格式平均压缩采样的方式，在保证平均压缩比的基础上合理利用比例率资源，即静止和动作场面少的画面场景采用较低的编码速率，这样可以留出更多的带宽空间，而这些带宽会在出现快速运动的画面场景时被利用。这样在保证静止画面质量的前提下，大幅提高了运动图像的画面质量，使图像和文件大小之间达到巧妙的平衡。

1.5.3 常用音频压缩编码格式

（1）CD 格式。当今音质最好的音频格式是 CD 格式。在大多数播放软件的"打开文件类型"中，都可以看到 *.cda 文件，这就是 CD 音轨。标准 CD 格式采用 44.1 kHz 的采样频率，速率为 88 kbit/s，16 位量化位数，因为 CD 音轨可以说是近似无损的，因此它的声音非常接近原声。

CD 资源包可以在 CD 唱片机中播放，也能用各种播放软件来重放。一个 CD 音频文件是一个 *.cda 文件，这只是一个索引信息，并不真正包含声音信息，所以无论 CD 音乐长短，在计算机上看到的 *.cda 文件都是 44 字节长。

（2）WAV 格式。WAV 格式是微软公司开发的一种声音文件格式，它符合 RIFF（Resource Interchange File Format）文件规范，用于保存 Windows 平台的音频资源，被 Windows 平台及其应用程序支持。WAV 格式支持 MSADPCM、CCITT A-Law 等多种压缩算法，以及多种音频位数、采样频率和声道，标准格式的 WAV 文件和 CD 格式一样，也采用 44.1 kHz 的采样频率，速率为 88 kbit/s，16 位量化位数。

（3）MP3 格式。MP3 格式诞生于 20 世纪 80 年代的德国。所谓的 MP3 指的是 MPEG 标准中的音频部分，也就是 MPEG 音频层。根据压缩质量和编码处理的不同分为 3 层，分别对应 *.mp1、*.mp2、*.mp3 这 3 种声音文件。

（4）MIDI 格式。MIDI（Musical Instrument Digital Interface）格式允许数字合成器与其他设备

交换数据。MIDI 文件并不是一段录制好的声音，而是记录声音的信息，然后再"告诉"声卡如何再现音乐的一组指令。这样一个 MIDI 文件每存 1 分钟的音乐只用 5～10 KB。

（5）WMA 格式。WMA（Windows Media Audio）格式的音质要强于 MP3 格式的音质，它和日本 YAMAHA 公司与 NTT 公司共同开发的 VQF 格式一样，是以减少数据流量但保持音质的方法来实现比 MP3 更高的压缩率，WMA 的压缩率一般可以在 1∶18 左右。

1.5.4 视频输出的设置

按 Ctrl+M 组合键，弹出"渲染队列"面板，单击"输出组件"选项右侧的"无损"按钮，弹出"输出模块设置"对话框，在这个对话框中可以对视频的输出格式及其相应的编码方式、视频大小、比例及音频等进行输出设置，具体渲染方法见本书的第 10 章，如图 1-20 所示。

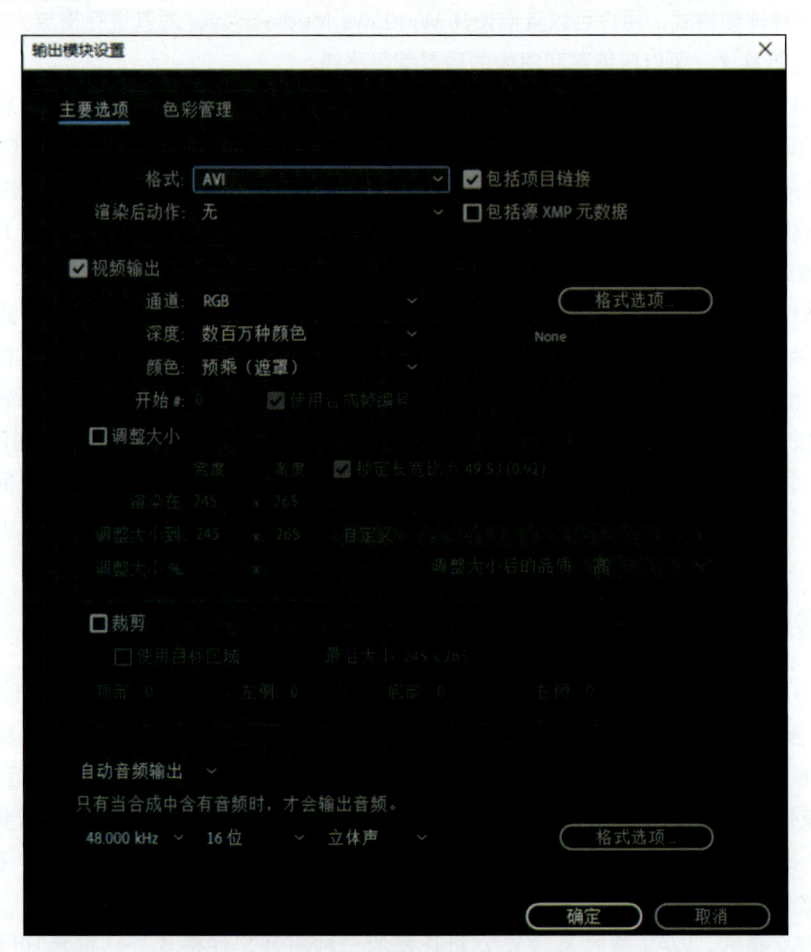

图 1-20

1.6 视频文件的打包设置

在一些影视合成或者编辑团体软件中用到的素材可能分布在硬盘的各个地方，从而在另外的设备上打开工程文件的时候会遇到部分文件丢失的情况。如果把素材一个一个找出来并复制显然很麻烦，而使用"打包"命令就可以自动把文件收集在一个目录中打包。这里主要介绍 After Effects 的打包功能。执行"文件"→"整理工程（文件）"→"收集文件"命令，在弹出的"收集文件"对话框中单击"收集"按钮，即可完成打包操作。

"收集文件"对话框如图 1-21 所示。

图 1-21

学习效果评估

完成本章节内容的学习后，你对自己的学习情况是怎样评价的，请扫码完成下面的学习效果评估表。

CHAPTER TWO

第 2 章　图　　层

本章导读

After Effects 软件与 Photoshop 软件一样，都是属于层类型的软件，After Effects 软件作为影视后期常用的软件之一，图层是影像合成的基本单位，每一个素材都是以图层的形式被合成的。图层的相关知识、操作方法和操作技巧是学习 After Effects 软件操作的关键，只有了解图层的概念，掌握图层的相关操作方法和技巧，才能熟练地进行后期影视特效的合成制作。

学习目标

1. 知识目标

熟练运用图层的属性对素材进行基本的编辑和操作。

2. 能力目标

能够掌握图层的创建方法、图层的基本操作；能够利用图层属性创建简单动画。

3. 素养目标

培养学生理论联系实际的工作作风、严肃认真的科学态度以及独立工作的能力，树立自信心。

2.1　图层的概念

在 After Effects 软件（下文简称"AE"）中，图层是影像合成的基本元素，使用者以图层的形式对素材进行操作。图层是构成合成图像的组件。添加到 AE 软件合成的所有元素，如静态图像、动态图像、音频文件、"灯光"图层、"摄像机"图层或者是另一个合成，这些元素被拖入 AE 软件的某一个特效合成之后，都将以图层的形式存在。

AE 软件中的图层与 Photoshop 中的图层的基本形式一致，像透明的"塑料片"，每张"塑料片"上都有图像，这些"塑料片"一张一张叠加起来，形成最终的完整图像，这就是图层的基本原理。

AE 软件图层的基本原理示意如图 2-1 所示。

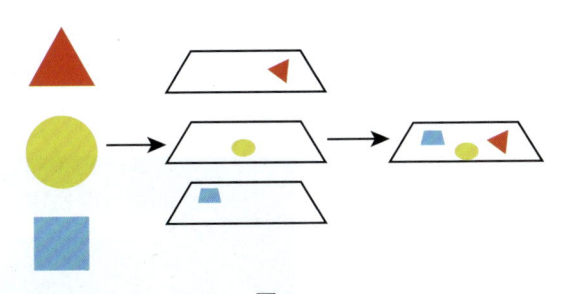

图 2-1

AE 软件为使用者提供了多种类型的图层，如"文本"图层、"纯色"图层、"形状"图层、"灯光"图层、"摄像机"图层、"调整"图层等，不同类型的图层有不同的属性和功能。

2.2 图层的基本操作

在使用 AE 软件操作时，会用到各种类型的图层，如图 2-2 所示。使用者需要掌握各种图层的相关操作，为影视后期合成打好基础。下面将为大家介绍常用的图层种类及关于图层的相关操作方法。

图 2-2

2.2.1 常用的图层种类

（1）素材图片图层。在进行影视后期合成时，经常会将图片作为素材来进行编辑，JPG、PNG 等格式的图片，都是经常使用的。

（2）"文本"图层。"文本"图层是用于创建文字的标准方式。在"字符"面板中可以调整文字的大小、对齐方式、间距、颜色、字体等。

（3）"形状"图层。"形状"图层是 AE 软件中最重要的图层之一，很多 MG 动画、短片画面填充等炫酷效果，都需要用到"形状"图层。AE 软件中形状的创建方式：使用"形状"工具，可创建 AE 软件预设形状，如图 2-3 所示；使用"钢笔工具"绘制任意形状，如图 2-4 所示。

图 2-3    图 2-4

（4）"纯色"图层。AE 软件中创建"纯色"图层，类似于 Photoshop 中新建图层后填充颜色，通常作为背景使用。

纯色图层的相关参数设置：执行"图层"→"纯色设置"命令或按 Ctrl+Shift+Y 组合键，如图 2-5 所示，在弹出的"纯色设置"对话框中可修改"纯色"图层的名称、大小、颜色等，如图 2-6 所示。

图 2-5　　　　　　　　　　　　　　　图 2-6

（5）"调整"图层。"调整"图层是一个空白图像，当"调整"图层放在另一个图层上的时候，应用于"调整"图层的效果就会全部应用于它下方的所有图层，一般被用来统一添加特效。如果给"调整"图层绘制蒙版，只会影响"调整"图层下面的图层与蒙版重叠的地方。

2.2.2　新建图层

打开 AE 软件，新建合成，然后新建图层。常见的创建图层的方式有以下两种：

（1）执行"图层"→"新建"命令，在"新建"命令的子菜单中单击所要创建的图层类型，即可完成相应的图层创建，如图 2-7 所示。

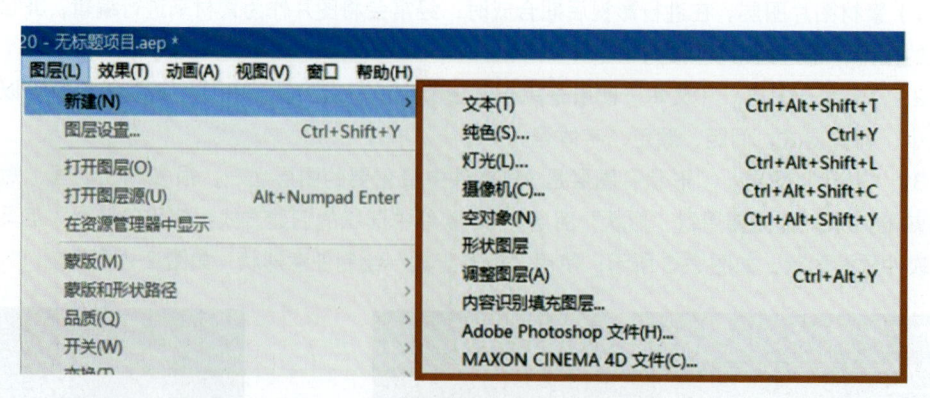

图 2-7

（2）在"时间轴"面板的空白处单击鼠标右键，在弹出的快捷菜单中选择"新建"选项，在子菜单中选择所要创建的图层类型，即可完成相应的图层创建，如图 2-8 所示。

图 2-8

在合成中，图层将以"数字序列"的方式，呈现在"时间轴"面板左侧的"图层堆栈"中，如图 2-9 所示。需要注意的是，不同类型的图层，其缩略图的图标也有所不同。

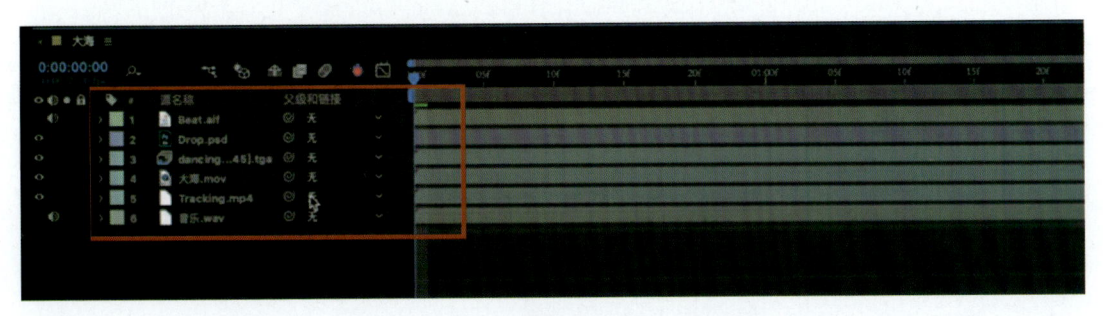

图 2-9

2.2.3 选择图层

在 AE 软件中对图层进行操作时，首先要选择对应的图层，选择图层的方法有很多：

（1）选择单个图层。在"图层堆栈"中用鼠标左键单击要选择的图层即可。

（2）选择连续的多个图层。按住 Shift 键，单击"图层堆栈"中要选择的多个图层中的第一个图层和最后一个图层。

（3）选择多个不连续的图层。按住 Ctrl 键，单击要选择的多个图层。

（4）全选图层。执行"编辑"→"全选"命令或按 Ctrl+A 组合键，即可快速选择所有图层。

需要注意的是，被选中的图层在"图层堆栈"中会以高亮色显示，用来提示使用者，如图 2-10 所示。

图 2-10

2.2.4 复制图层

在 AE 软件的实际操作中，使用者可能需要对一个或多个图层进行复制，常用的操作方法有以下两种：

（1）选中要复制的图层，执行"编辑"→"复制"命令，然后执行"编辑"→"粘贴"命令或按 Ctrl+C 组合键进行复制，再按 Ctrl+V 组合键进行粘贴，如图 2-11 所示。

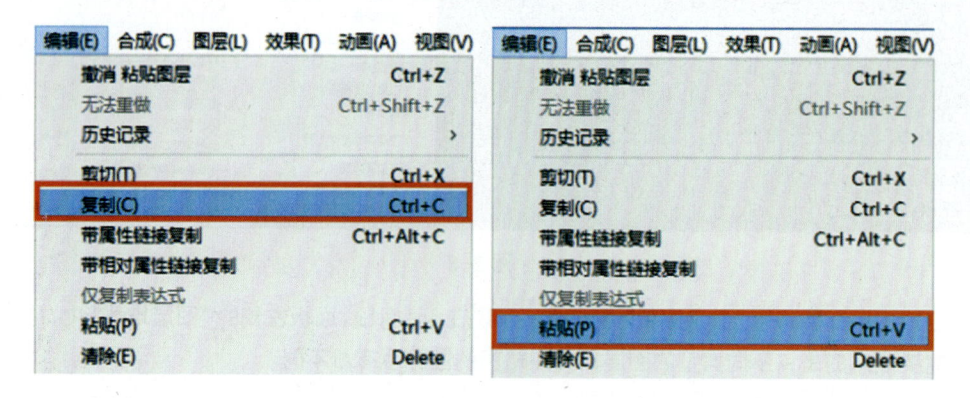

图 2-11

（2）选中要复制的图层，执行"编辑"→"重复"命令或按 Ctrl+D 组合键，即可快速地复制图层，如图 2-12 所示。

图 2-12

2.2.5 删除图层

选中要删除的图层，执行"编辑"→"清除"命令或按 Delete 键，即可快速地完成图层的删除，如图 2-13 所示。

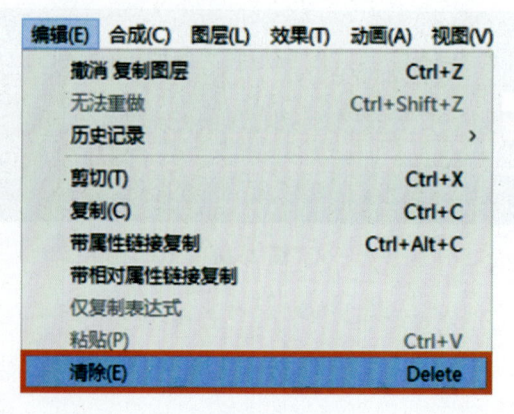

图 2-13

2.2.6　图层的顺序及调整图层顺序的方法

与其他图层类型的软件一样，AE 软件中的图层也有先后顺序之分：位于上方的图层将对其下方图层造成遮挡，新建图层位于"图层堆栈"的最上方或选择图层的上方。图层的混合模式、"轨道遮罩"等操作（后面章节会详细介绍），也是根据图层的顺序来进行的。

下面介绍两种调整图层顺序的方法。

（1）在"图层堆栈"中选择要调整顺序的图层，按住鼠标左键不放，上下拖动图层，此时会出现一条水平的蓝色实线，该线决定了图层被放置的位置，松开鼠标左键后，该图层即可被放置到指定的位置，如图 2-14 所示。

图 2-14

（2）选中要调整顺序的图层，执行"图层"→"排列"命令，在子菜单中选择相应的选项，即可调整图层的顺序，如图 2-15 所示。

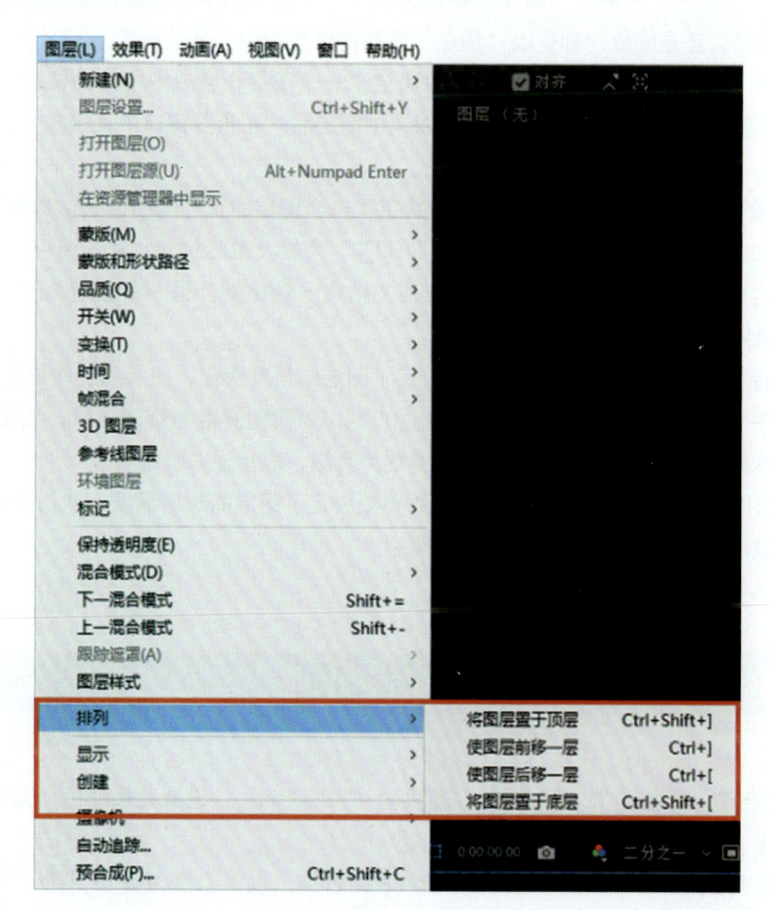

图 2-15

2.3 图层的基本属性

在 AE 软件中，可以对图层的属性进行更改，大部分属性都可以通过关键帧的方式来设置动画，操作十分方便。

选中要修改属性的图层，单击图层左侧的"■"图标，展开"图层"属性，单击"变换"属性左侧的"■"图标，即可展开该图层的基本属性，不同类型的图层，拥有不同的属性，但它们中的大多数都包含"锚点""位置""缩放""旋转""不透明度"5 种属性，单击需要修改的属性参数，输入修改数值，按 Enter 键即可完成属性参数修改，如图 2-16 所示。

图 2-16

（1）"锚点"属性。"锚点"属性的参数决定了一个图层的中心位置，在对图层进行操作时，无论是旋转、移动，还是缩放，都是以"锚点"所在的位置为中心来进行的。

（2）"位置"属性。"位置"属性的参数决定了一个图层在合成中所处的位置，可以通过修改"位置"属性的参数来改变图层的位置，也可以选中图层后，在预览窗口中直接按住鼠标左键拖动，改变其位置。

（3）"缩放"属性。"缩放"属性的参数决定了一个图层的尺寸大小，默认参数为"100%"。参数值低于"100%"为缩小图层尺寸，高于"100%"为放大图层尺寸。默认情况下，"缩放"属性参数前方的"约束比例"图标为显示状态，修改 X 轴或 Y 轴比例，另一参数随之改变，取消"约束比例"，可任意修改缩放尺寸。

（4）"旋转"属性。"旋转"属性的参数决定了图层的角度变化，图层的旋转是以图层的"锚点"所在的位置为中心来进行的。默认参数为"0x，0°"，前面的参数为旋转圈数，后面的参数为旋转角度，其中，参数为正数，表示顺时针旋转；参数为负数，表示逆时针旋转。

（5）"不透明度"属性。"不透明度"属性的参数决定了图层的透明程度，默认参数为"100%"，表示图层完全显示，"0%"表示图层为完全透明。

2.4 基础案例：水滴加载动画

（1）创建合成，高度为"2 400 px"，宽度为"1 800 px"，设置背景颜色为蓝色（R：50；G：170；B：255）。

（2）新建"形状图层"，按 Alt+Shift+Home 组合键，以中心点为圆心创建一个圆形。更改描边为白色（20 px）、无填充，更改图层名称为"瓶"，依次单击展开"椭圆 1"→"椭圆路径 1"→"大小"，设置"大小"参数为 500 mm×500 mm，如图 2-17 所示。（操作小技巧：画圆时会发现，绘制的形状的锚点位于图层的中心点上。此时，若执行"编辑"→"首选项"→"常规"命令，在弹出的"首选项"对话框"常规"选项卡中勾选"在新形状图层上居中放置锚点"选项，此时再画圆形，则圆的锚点位于自身的中心点处。）

图 2-17

（3）复制第一个形状图层，依次单击展开"椭圆 1"→"椭圆路径 1"→"大小"，设置"大小"参数为 440 mm×440 mm，如图 2-18 所示，取消描边，设置填充为白色，更改图层名称为"水"。

图 2-18

（4）给"瓶"做缺口。添加"修剪路径"命令（图 2-19），设置"修剪路径 1"，"开始"参数为 5%，"结束"参数为 95%。

图 2-19

（5）做水的波纹。新建形状工具，画一个白色的矩形（一定要大于圆形），设置图层名称为"水波纹"，填充颜色设置为白色，描边去掉。在"效果和预设"面板中依次选择"扭曲"→"波形变形"选项，将"波形变形"效果添加到"矩形"图层，将"波形宽度"参数设置得大一些，如图 2-20 所示。

（6）使用"选取工具"将"水波纹"图层移动到圆形的下方，"位置"属性参数为 1 200 mm、

1 500 mm，如图 2-21 所示。

图 2-20

图 2-21

（7）将"水"图层移动至图层面板最上方，将其作为"水波纹"图层的 Alpha 遮罩，如图 2-22 所示。

图 2-22

（8）展开"水波纹"图层属性，在"变换：矩形 1"中设置"位置"属性，在 0 s 处创建关键帧，在 8 s 处修改"位置"属性的 Y 轴参数为 900 mm，创建出矩形由下向上运动的动画。此时，水填满了。如图 2-23 所示。

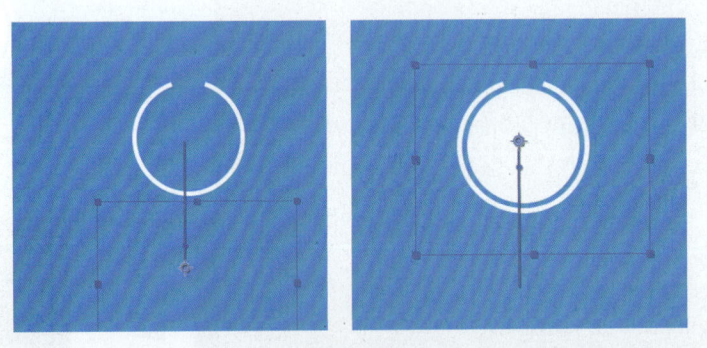

图 2-23

（9）制作水滴动画。创建一个形状图层，重命名为"水滴"，画一个圆形，依次单击展开"椭圆路径 1"→"大小"，设置"大小"参数为 70 mm×70 mm；依次单击展开"变换"→"位置"，设置"位置"参数为 1 200 mm，400 mm。将圆形水滴移动到瓶口上方、画面之外。设置"位置"属性，0 s 处创建一个关键帧，1 s 处修改"位置"参数为 1 200 mm，1 600 mm，做一个位移运动。

（10）选中"水滴"图层中的"位置"，按 Alt+Shift+= 组合键，添加表达式，依次选择"Property"→"loopOut"，添加"循环表达式"。

（11）播放动画，当水瓶里的水注满时，选择"水滴"图层，按 Alt+】组合键，将后面的图层剪短，完成动画创建，如图 2-24 所示。

第 2 章 图　　层　023

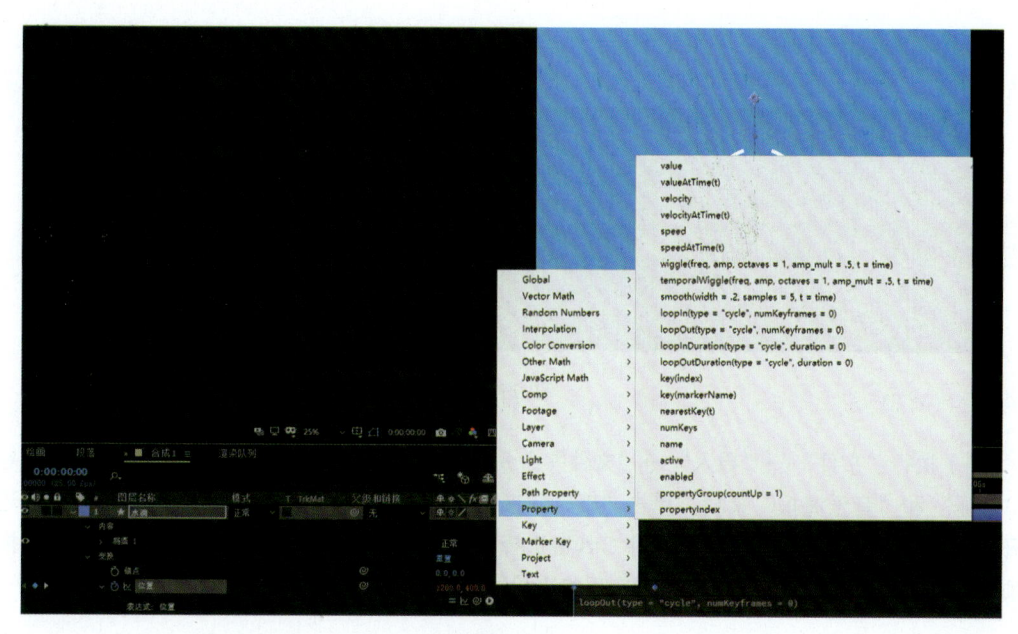

图 2-24

2.5　进阶案例："音乐"面板

下面，运用之前所学的图层知识，绘制一个"音乐"面板。

操作步骤：

（1）打开 AE 软件，执行"合成"→"新建合成"命令，在弹出的"合成设置"对话框中，设置宽度为"1 080 px"，高度为"1 920 px"，单击"确定"按钮，如图 2-25 所示。

（2）执行"图层"→"新建"→"纯色"命令，在弹出的"纯色设置"对话框中，修改"颜色"为黑色，单击"确定"按钮，如图 2-26 所示。

进阶案例："音乐"面板

图 2-25

图 2-26

(3)此时,"图层堆栈"中新生成了一个"纯色"图层,如图2-27所示。

图 2-27

(4)执行"文件"→"导入"→"文件"命令,在弹出的"导入文件"对话框中,选择要导入的"音乐"和"音乐海报"素材,单击"确定"按钮,如图2-28、图2-29所示。(操作小技巧:打开要导入的素材所在的文件夹,按住Ctrl键选择要导入的素材,按住鼠标左键不放,将素材拖曳到项目列表中,松开鼠标左键,也可以实现将素材导入的操作。)

图 2-28

(5)在"项目"面板中选中刚刚导入的素材,按住鼠标左键不放,拖曳到时间轴列表,并松开鼠标左键,此时素材名称显示在时间轴列表,同时显示在合成预览区内,如图2-30所示。

(6)选中"音乐海报"图层,选择"形状"工具中的"椭圆"工具,在合成预览区"音乐海报"上绘制一个圆形(操作小技巧:按住"Shift"键即可绘制正圆形),此时,在"音乐海报"图层上创建了一个蒙版,显示为"蒙版1",如图2-31所示,选中"蒙版1",将其对齐方式设置为"水平对齐"到"合成",如图2-32、图2-33所示。

(7)选中"蒙版1",按Ctrl+D组合键复制一个蒙版,得到"蒙版2",修改其"蒙版扩展"参数为"-200",将其模式设置为"相减",如图2-34所示,此时预览区显示如图2-35所示。

第 2 章　图　　层　025

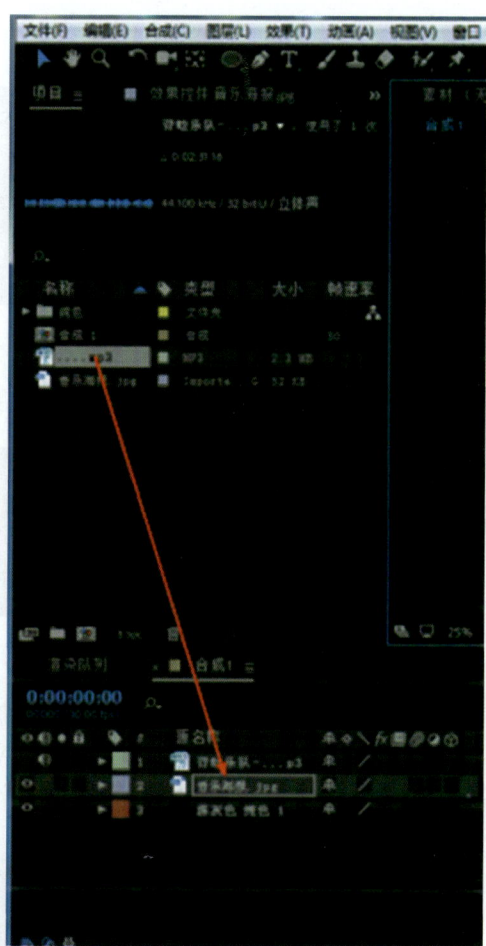

图 2-29

图 2-30

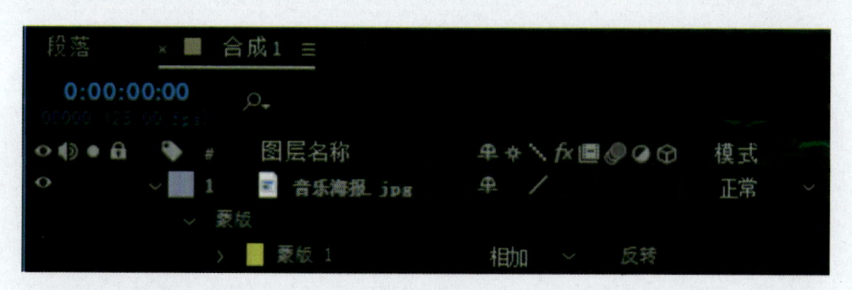

图 2-31

图 2-32

图 2-33

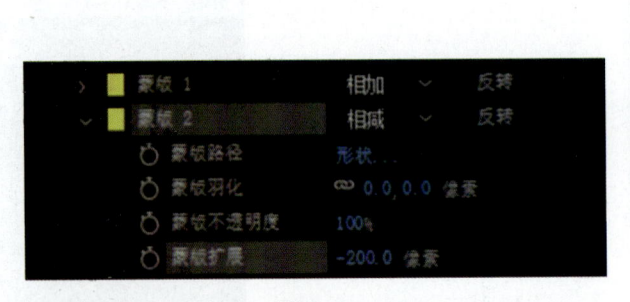

图 2-34　　　　　　　　　　　　　　图 2-35

（8）新建一个"纯色"图层，将其位置放在最后一个图层上方，如图 2-36 所示。

图 2-36

（9）选择该图层，执行"效果"→"生成"→"音频频谱"命令，如图 2-37 所示。

（10）调整"起始点""结束点"的 Y 值，如图 2-38 所示，使音频频谱位于画面的中下方，如图 2-39 所示。

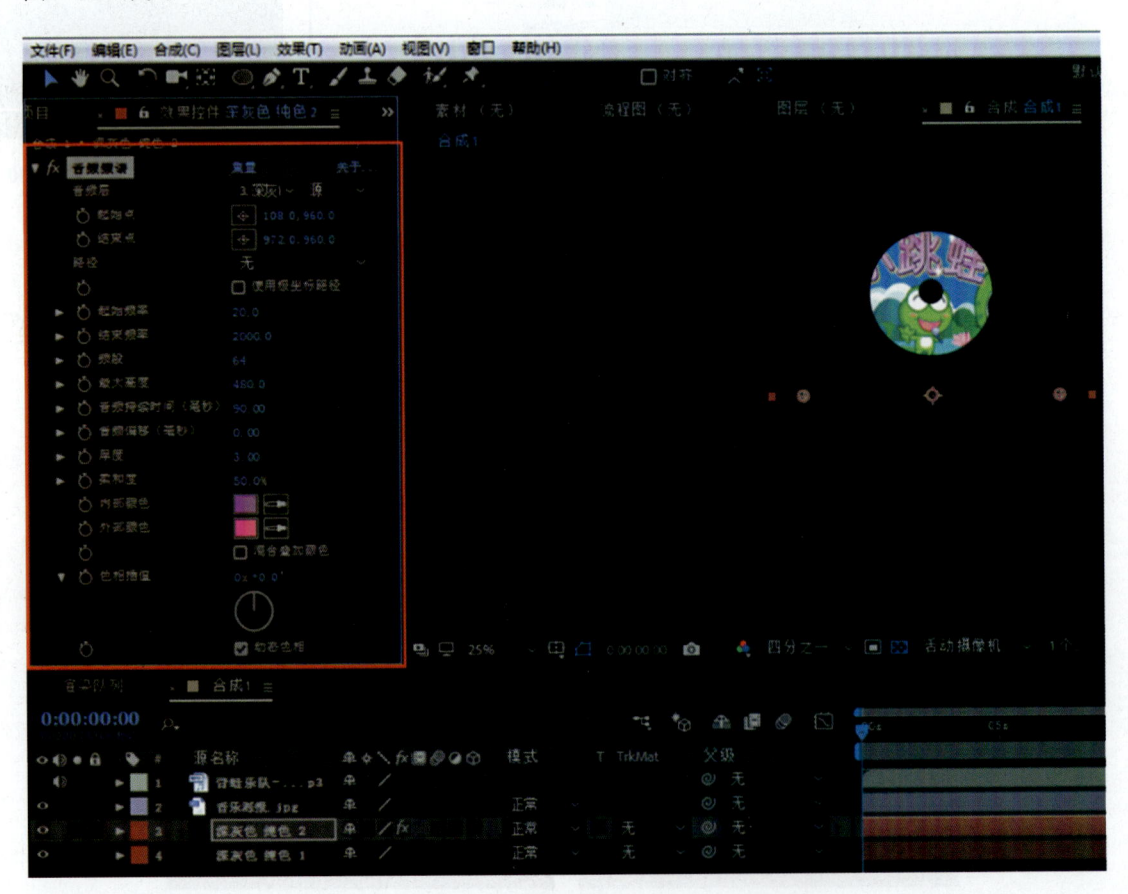

图 2-37

图 2-38    图 2-39

（11）调整"音频层"为"青蛙乐队 – 小跳蛙 .mp3"，如图 2-40 所示。

（12）调整音频"起始频率"和"结束频率""最大高度"，还可以调整"内部颜色"和"外部颜色"及"色相差值"，如图 2-41 所示。

图 2-40 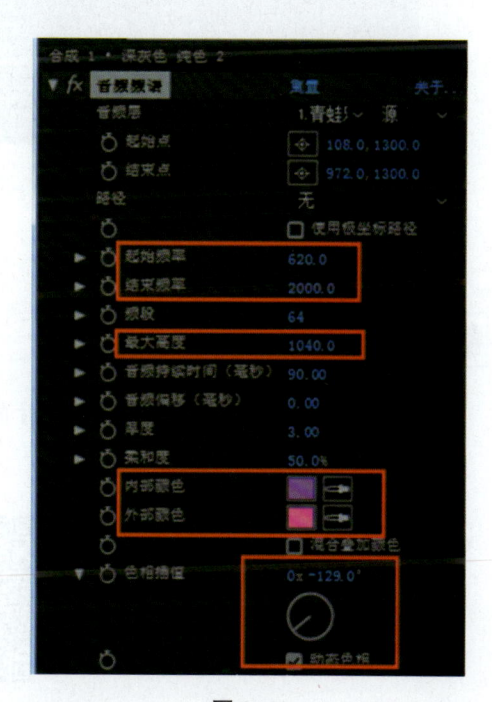   图 2-41

（13）展开音乐海报图层，选择"旋转"属性，移动时间指针到第 0 帧，打上一个关键帧，如图 2-42 所示。

（14）移动时间指针到 29 秒 29 帧处，设置"旋转"属性参数为 2X，即在 29 秒 29 帧的时间内转两圈，如图 2-43 所示。

028 第 2 章　图　层

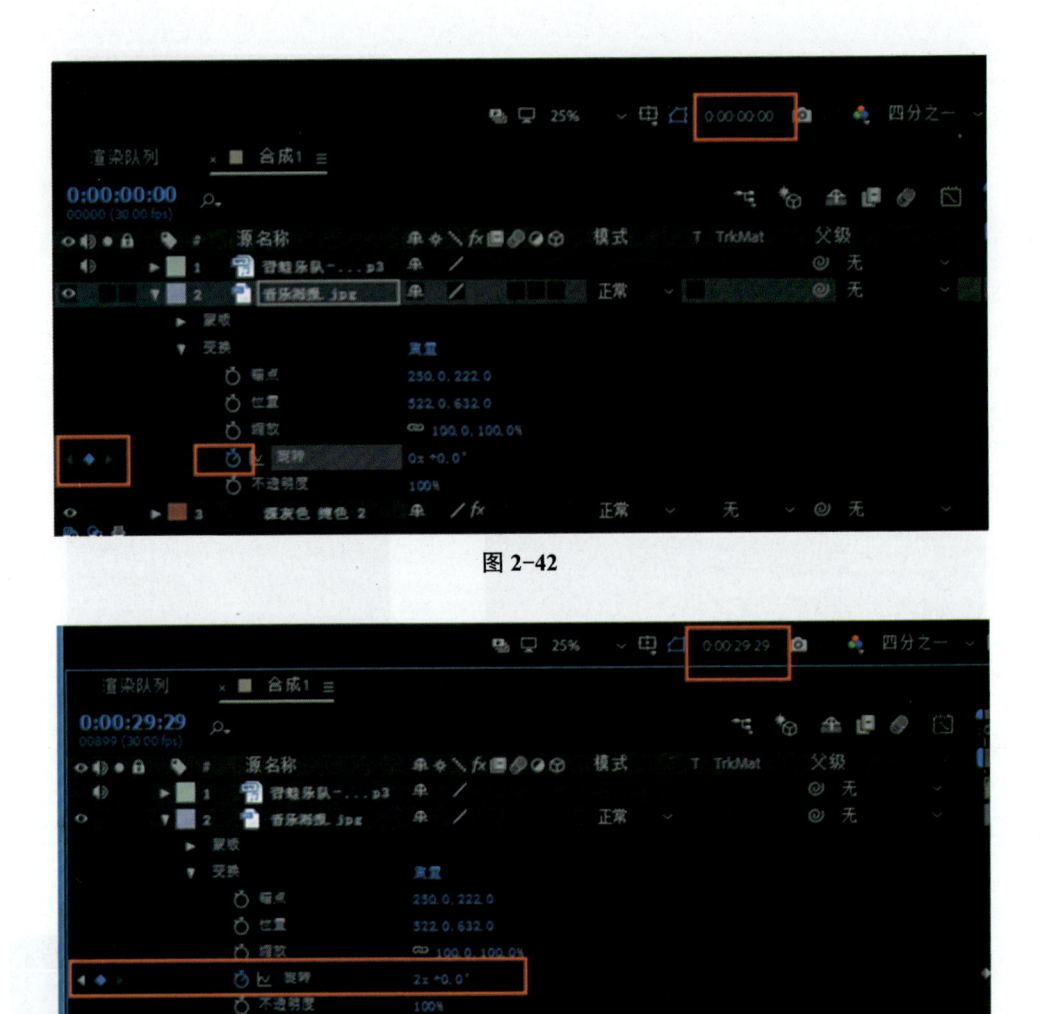

图 2-42

图 2-43

（15）至此，完成"音乐"面板制作。

学习效果评估

　　完成本章节内容的学习后，你对自己的学习情况是怎样评价的，请扫码完成下面的学习效果评估表。

职场小知识

　　剪辑是一个实践性的工种，有很多剪辑师都是先从助理做起，从实践中学习剪辑的技能知识，但是如果想独当一面，更进一步学习及理论知识的积累还是必不可少的哦！

CHAPTER THREE

第3章　关键帧动画

本章导读

关键帧动画是一种使用软件自动生成的动画形式。传统的动画制作需要制作者按照运动规律画出每一张的动画，而运用软件制作的动画则方便很多，制作者只需要作出动画的关键位置，软件就会自动生成中间的动画。与传统动画相比，这极大地提高了制作者的工作效率。AE软件中制作动画的方式是指利用记录关键帧，自动生成动画的方式。本章重点讲解关键帧的创建方法，通过本章的学习，学生能够掌握和使用软件制作关键帧动画的方法。

学习目标

1. 知识目标

通过关键帧动画的核心技能训练进一步巩固、深化和扩展理论知识与专业技能；熟练掌握影视后期制作中创意的设计及实例的开发与设计。

2. 能力目标

能够掌握利用软件制作动画的原理和方法，能够根据创意进行动画的制作。

3. 素养目标

培养学生运用所学的理论知识和技能解决影视后期设计过程中所遇到的实际问题的能力及提高其基本工作素质，训练和培养团队协作精神和共同开发的综合能力。

3.1　关键帧动画的原理

我们所看到的视频都是由一张张图片连续播放产生的，这一张张图片被称为"帧"。记录关键位置的动作的变化，就被称为关键帧动画。传统的动画是由人一张张画出人物的动作再进行播放，从而产生动效，而 AE 软件只需要记录关键位置的"动画"属性，中间的动态效果由计算机自动生成。

在 AE 软件中，设置动画的方法有很多，可以通过"图层"属性添加关键帧制作动画，也可以通过表达式添加关键帧来制作，还可以通过预设中的动画效果来添加动画，但不管通过哪种方式来添加动画效果，都必须满足起始时间、起始状态、结束时间、结束状态四点。

例如：一个球从左边移动到右边，那它开始的时间是在画面左边，结束的时间是在画面的右边，在时间变化的这段时间里，球的位置发生了变化，变化的过程就是 AE 软件产生的动画，如图 3-1 所示。

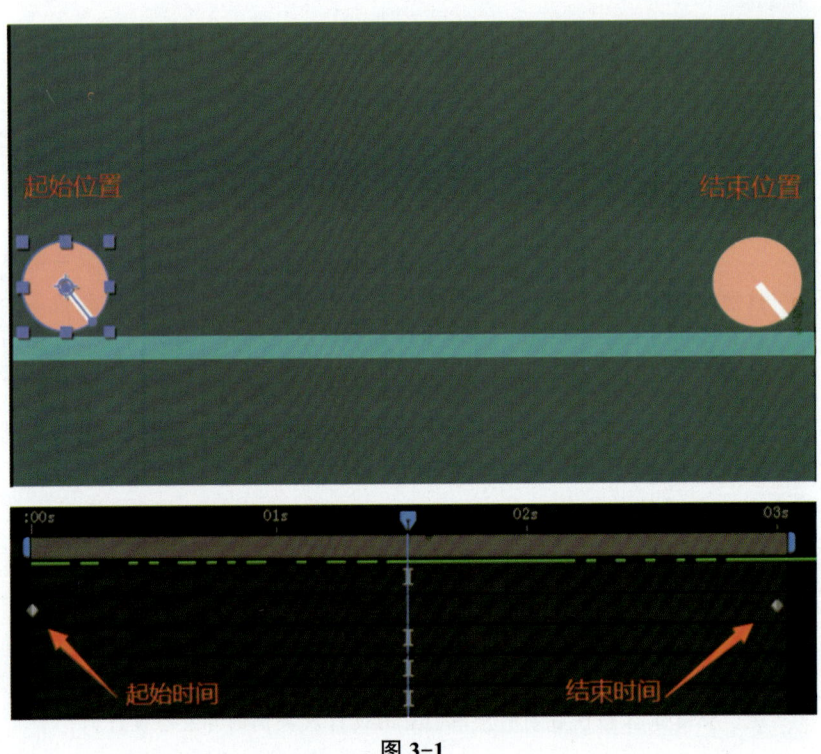

图 3-1

若想让小球的滚动更加自然，可以给小球添加旋转动画，这样小球在滚动的时候，效果也更加自然。同理，在做动画的时候一定要先想清楚，这个动画的完成是哪个属性发生了变化。

3.2　关键帧的基本操作

3.2.1　关键帧的创建

（1）选中需要创建关键帧的图层，单击图层前面的倒三角按钮展开图层，再单击变换前的倒三角按钮展开变换，如图3-2所示。这时候能够看到里面有5个属性，每个属性的前面都有一个码表，单击任何一个属性前面的码表，码表变蓝就说明被激活，这个时候，在时间线上就创建了一个关键帧（此处我们以位置属性为例）。

（2）接下来移动时间指针到 1 秒的位置，修改位置参数为（1 189.5，409.7）或拖曳小球到屏幕右侧，此时时间指针的位置会自动生成一个新的关键帧。

图 3-2

（3）按键盘上的空格键预览动画效果。在给属性添加完关键帧后，参数前面会出现三个按钮，分别表示：◀转到上一个关键帧，▶转到下一个关键帧，◆在当前时间添加或移除关键帧，这些按钮可以方便快速地调整关键帧的参数属性。

3.2.2 添加关键帧

添加关键帧有以下两种方法。

（1）拖动时间指针到对应位置，修改参数，就会自动在时间指针位置上添加上关键帧。

（2）拖动时间指针到相应位置，单击属性前面的"在当前时间添加或移除关键帧"按钮，也可添加关键帧，但此处添加关键帧以后，需调整参数才能产生动画。

3.2.3 修改关键帧

修改关键帧有以下两种方法。

（1）将时间指针拖到需要修改的关键帧的位置，修改参数即可。

（2）双击需要修改的关键帧，在弹出的"位置"对话框中进行参数修改，如图 3-3 所示。

图 3-3

3.2.4 复制、粘贴关键帧

选中需要修改的关键帧，按 Ctrl+C 组合键进行复制，将时间指针移到需要粘贴关键帧的位置，按 Ctrl+V 组合键进行粘贴。

若需剪切关键帧，按 Ctrl+X 组合键，再移动时间指针到需要粘贴关键帧的位置，按 Ctrl+V 组合键进行粘贴。

3.2.5 移动关键帧

若当前所创建的关键帧的位置不合适，可通过拖动关键帧来移动位置。

3.2.6 删除关键帧

若想要删除已经创建好的关键帧，可以选中需要删除的关键帧，按 Delete 键即可删除关键帧。

3.3 关键帧辅助

在 AE 软件中添加的动画，默认都是匀速的，有时制作的动画效果需要有节奏感，这就需要添加的动画效果呈现速度的变化，这时候就需要用到"关键帧辅助"，如图 3-4 所示。

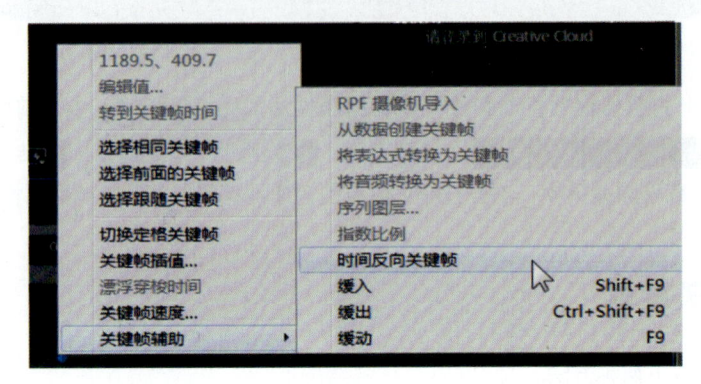

图 3-4

3.3.1 添加"关键帧辅助"的方法

选中需要改变速度的关键帧，在关键帧上单击鼠标右键，在弹出的快捷菜单中选择"关键帧辅助"，在弹出的子菜单中能看到这几种关键帧辅助的类型：缓动、缓入、缓出、时间反向关键帧。

3.3.2 "关键帧辅助"的类型区别

"关键帧辅助"的类型区别如下：
（1）缓动：运动速度由慢到快，再由快到慢。
（2）缓入：运动速度由快到慢。
（3）缓出：运动速度由慢到快。
（4）时间反向关键帧：使运动方向与设定方面相反。

3.3.3 图表编辑器

有时添加"关键帧辅助"后，效果依然不理想，这时就可以使用图表编辑器来自定义速度。图表编辑器的使用方法如下：
（1）给素材添加关键帧，如图 3-5 所示。

图 3-5

第 3 章　关键帧动画　033

（2）给关键帧添加"关键帧辅助"，如图3-6所示。

图 3-6

（3）打开"图层"面板右上角的图表编辑器，如图3-7所示。

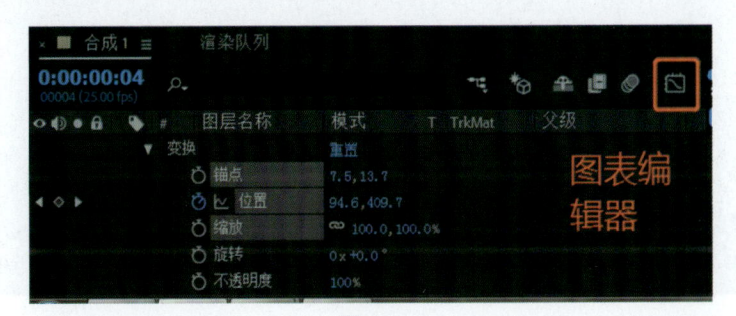

图 3-7

（4）单击"选择图表类型和选项"按钮，在弹出的列表中选择"编辑速度曲线"选项，如图3-8所示。

图 3-8

（5）选择曲线上的"锚点"，拖动手柄来调整速度曲线。曲线坡度越陡，速度越快；曲线坡度越缓，速度越慢，如图3-9所示。

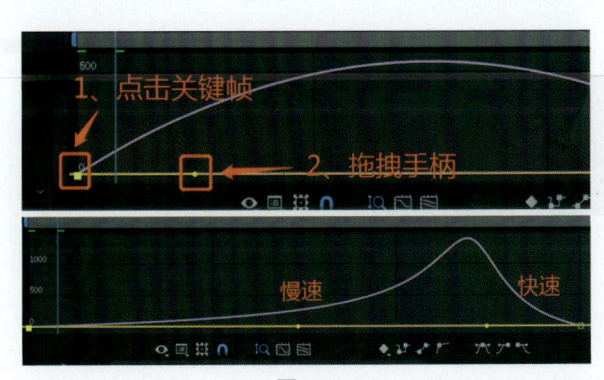

图 3-9

3.4 基础案例：加载动画

（1）新建合成，参数设置如图 3-10 所示。

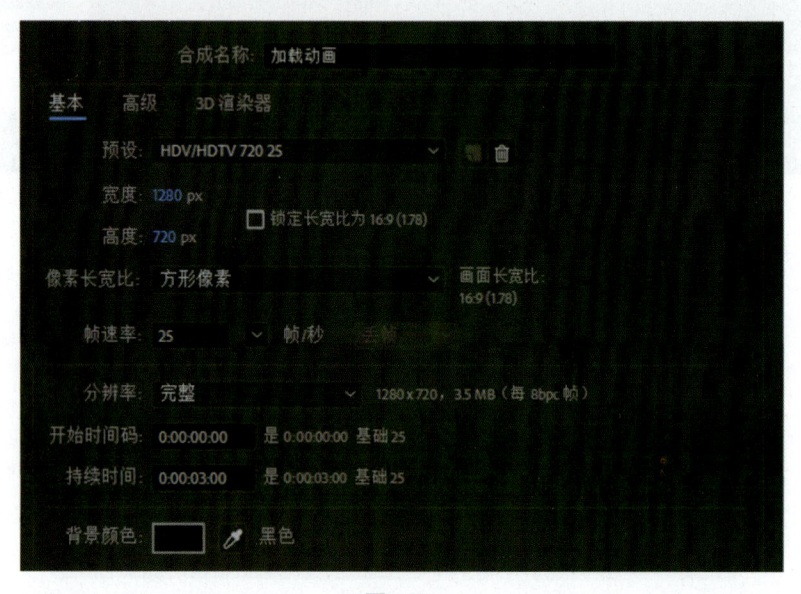

图 3-10

（2）在"时间线"面板中单击鼠标右键，在弹出的快捷菜单中执行"新建"→"形状图层"命令，如图 3-11 所示。

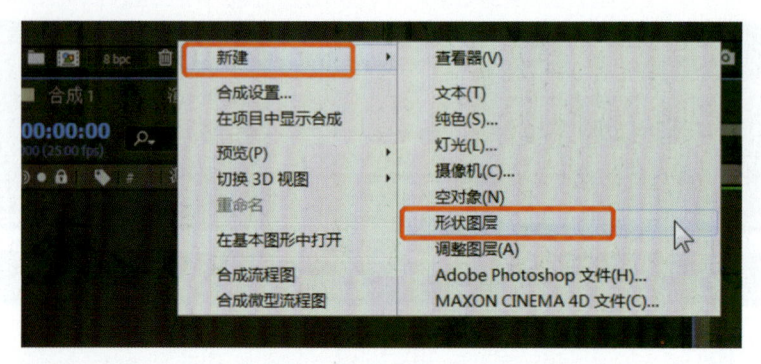

图 3-11

（3）展开"图层"属性，依次添加"矩形""填充"，如图 3-12 所示。

图 3-12

（4）展开路径下的"矩形路径 1"，取消约束比例，设置大小为"410.0，52.0"，设置圆度为"300.0"，如图 3-13 所示。

图 3-13

（5）展开填充，设置颜色为白色。

（6）选中图层，按 Ctrl+D 组合键，复制两个图层，按照由上到下的顺序依次为图层重命名为"矩形 1""矩形 2""矩形 3"，如图 3-14 所示。

图 3-14

（7）按 Ctrl 键选中"矩形 1"和"矩形 3"两个图层，按 P 键展开图层的位置属性，将时间指针移至 10 帧的位置，激活关键帧，再把时间指针移至 0 帧的位置，设"矩形 1"位置数值为"640.0，258.0"和"矩形 3"的位置数值为"640.0，465.0"，如图 3-15 所示。

图 3-15

（8）框选所有关键帧，在关键帧上单击鼠标右键，在弹出的快捷菜单中执行"关键帧辅助"→"缓动"命令，并打开曲线编辑器，调整速度为先慢后快，如图 3-16 所示。

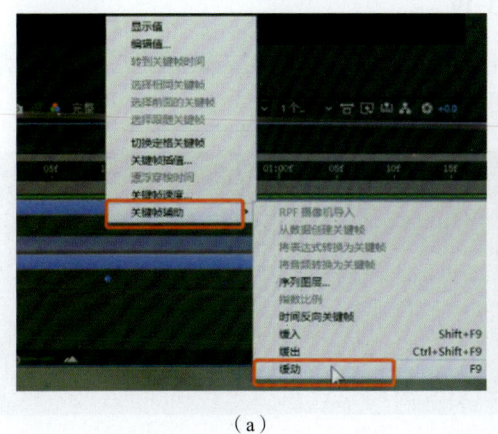

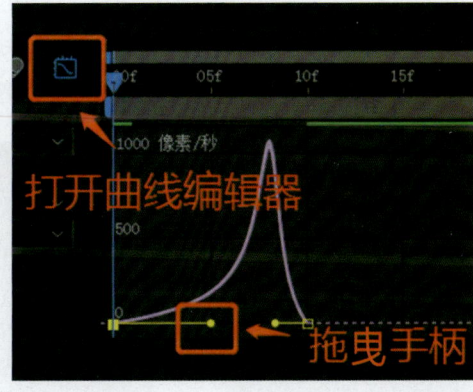

（a）　　　　　　　　　　　　　　　　（b）

图 3-16

(9)选中图层"矩形 2",将时间指针移至 10 帧的位置,按 Alt+】组合键,将"矩形 2"图层的时间长度截取到 10 帧的位置,如图 3-17 所示。

图 3-17

(10)新建"形状"图层,再展开"图层"属性,在内容的后面添加"椭圆"再添加"描边",最后添加"修剪路径";将图层名称重命名为"圆 1",将图层置于顶层,展开"图层"属性,展开"椭圆路径 1",设置大小为(555,555);展开"描边"属性,设置颜色为白色,描边宽度为 40,线段端点为"圆头端点";展开"修剪路径",将结束设为 0,并给结束打上关键帧,如图 3-18 所示。

图 3-18

(11)按 Ctrl 键选中"矩形 1"和"矩形 3",按 R 键打开图层的旋转属性,并激活旋转的关键帧,将时间指针移到 20 帧的位置,设"矩形 1"的旋转为 45°,"矩形 3"的旋转为 135°,选中图层"圆 1",按 U 键显示所有关键帧,设置结束值为 100,如图 3-19 所示。

图 3-19

(12)选中所有关键帧,单击鼠标右键,在弹出的快捷菜单中执行"关键帧辅助"→"缓动"命令,并打开曲线编辑器,调整速度由快到慢,如图 3-20 所示。

图 3-20

（13）关闭图表编辑器，将时间指针移到 1 秒 3 帧的位置，再单击参数前的"在当前时间添加或移除关键帧"按钮，添加关键帧，如图 3-21 所示。

图 3-21

（14）将时间指针移到 1 秒 10 帧的位置，依次复制"圆 1""矩形 1"和"矩形 3"图层的第 10 帧的关键帧，如图 3-22 所示。

图 3-22

（15）选中"矩形 3"图层，按 Alt+】组合键，选中"矩形 1"图层，展开图层的内容属性，再展开矩形路径 1，激活"大小"前面的关键帧，将时间指针移到 1 秒 20 帧的位置，设置"大小"为"50，50"，添加缓动，调整速度由慢到快。

（16）展开"矩形 1"的位置属性，单击位置前的"在当前时间添加或移除关键帧"按钮，将时间指针移到 2 秒 03 帧的位置，设置"位置"为"640.0，458.0"，选中"矩形 1"，按 Alt+】组合键；如图 3-23 所示。

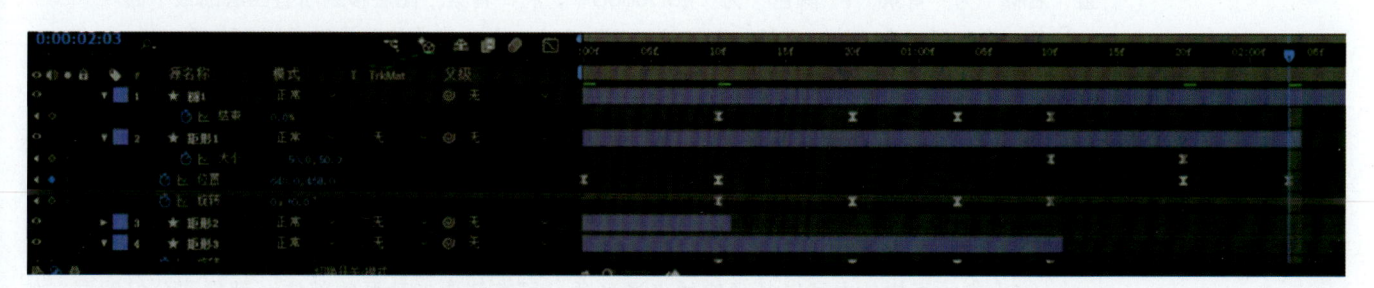

图 3-23

（17）复制"圆 1"为"圆 2"，选择"圆 2"，并删除"圆 2"所有的关键帧，设置结束值为 100，按 T 键打开图层的"不透明度"，激活"不透明度"的关键帧，设置数值为 0；将时间指针移到 2 秒 13 帧的位置，设置不透明度为 100，添加关键帧辅助，调整速度由快到慢。

（18）使用鼠标单击时间线空白区域，选择工具栏中的"钢笔"工具，在属性设置里关闭"填充"，打开"描边"，设置描边粗细为 40，在合成窗口中绘画出√，将图层重命名为"对号"；展开图层属性，展开"描边"，设置"线端点"为"圆头端点"，如图3-24所示。

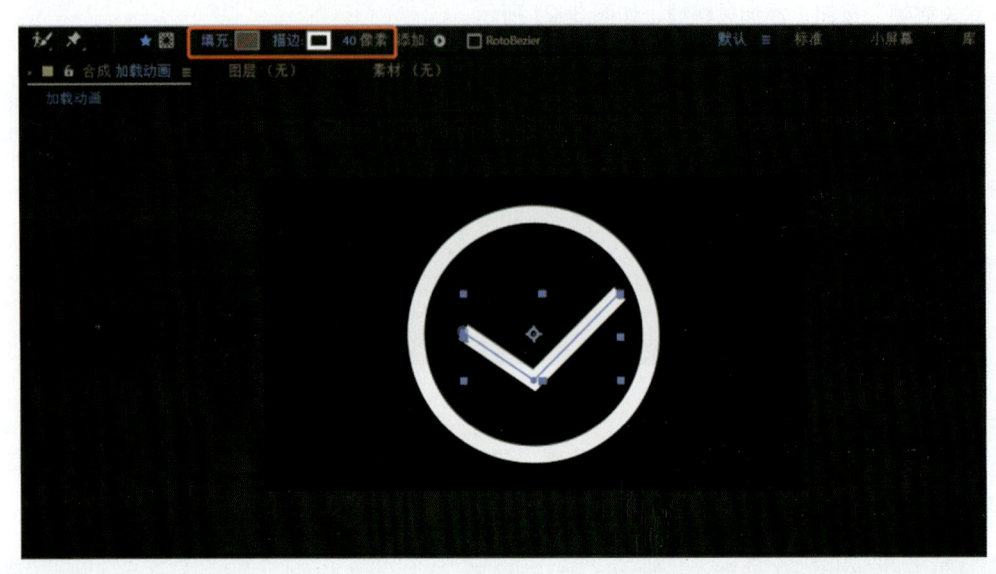

图 3-24

（19）为"对号"图层添加"修剪路径"，将时间指针移到2秒03针的位置，设置"开始"为40%，"结束"为42%，并激活"开始"和"结束"的关键帧，将时间指针移到2秒13帧的位置，设置"开始"为0%，"结束"为100%，选中所有关键帧，添加关键帧辅助，调整速度由快到慢，如图3-25所示。

图 3-25

（20）在"图层"面板中单击鼠标右键，在弹出的快捷菜单中执行"新建"→"纯色"命令，设置"名称"为"背景"，"颜色"为"#0D686B"，将"背景"图层移到所有图层的最下面。

（21）执行"合成"→"添加到渲染队列"命令，单击"渲染"按钮，制作完成。

3.5 进阶案例：长颈鹿工作动画

（1）在绘画软件中画出长颈鹿的卡通形象，所有需要加动画的部位，都需要分好图层，如图3-26所示。

（2）打开AE软件，将画好的素材导入到AE软件中，导入素材的类型选择"合成—保持图层大小"选项，如图3-27所示。

（3）新建合成，时间设置为3秒，大小为1 280 mm×720 mm。

（4）将"小鹿工作"的合成拖曳至"合成1"中，双击进入"小鹿工作"的合成，为其做动画，如图3-28所示。

第 3 章　关键帧动画　039

图 3-26

图 3-27

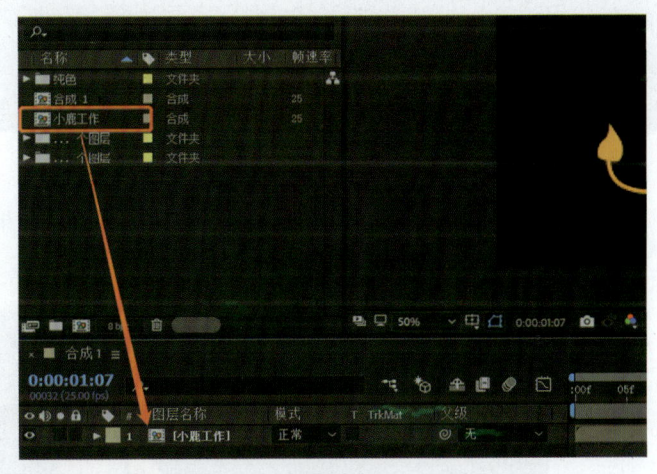

图 3-28

（5）找到"左腿"的图层，展开图层的"变换"属性，将时间轴拖曳到 0 帧的位置，激活"位置"和"缩放"的关键帧，取消缩放比例，在第 0 帧的"位置"设置为"1 380.5，1 776.5"，"缩放"设置为"100.0，100.0"，如图 3-29 所示。

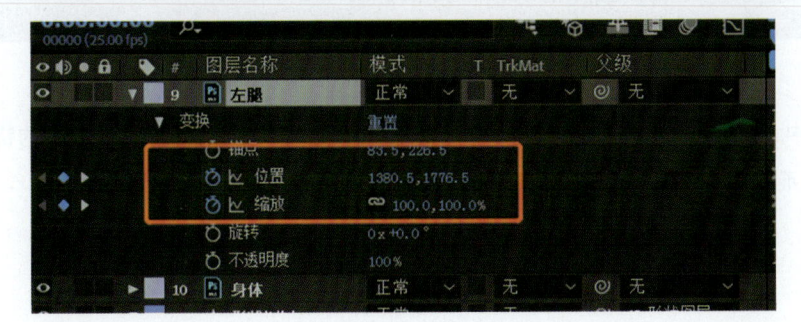

图 3-29

（6）时间指针移到 5 帧的位置，"位置"设置为"1 380.5，1 952.5"，"缩放"设置为"100.0，66.0"，如图 3-30 所示。

图 3-30

（7）选中所有关键帧，单击鼠标右键，在弹出的快捷菜单中执行"关键帧辅助"→"缓动"命令；时间指针移到第 10 帧的位置，选中我们添加的前两个关键帧，按 Ctrl+C 组合键复制关键帧，再按 Ctrl+V 组合键将关键帧粘贴到时间指针的位置，按照此方法，每隔 5 帧粘贴一组关键帧，直到第 3 秒时间为止，如图 3-31 所示。

图 3-31

（8）选中"右腿"图层，按照制作"左腿"图层动画效果的方法做"右腿"的动画，要将"左腿"和"右腿"的动画方向做成相反的，如图 3-32 所示。

图 3-32

（9）选中"耳朵"图层，单击"向后平移（锚点）工具"按钮 ，将耳朵的锚点移动到耳朵的根部，从而制作出耳朵抖动的动画效果，如图 3-33 所示。

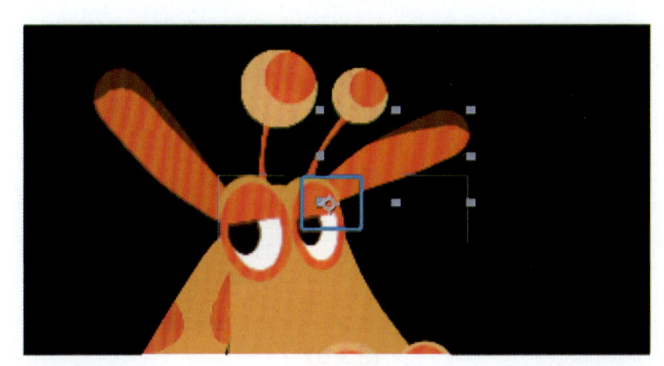

图 3-33

（10）选中"右耳"图层，按 R 键打开图层的旋转属性，并激活旋转的关键帧，将时间指针移到第 2 帧的位置，设置旋转值为"-19"，将时间指针移到第 5 帧的位置，复制第 1 帧的关键帧，如图 3-34 所示。

图 3-34

（11）将时间指针移任意位置，复制粘贴做好的关键帧到任意位置，如图 3-35 所示。

图 3-35

（12）选中"左耳"图层，重复上述（9）～（11）步中关于"右耳"的制作方法，将"左耳"的动画制作完成。在制作的过程中，可以将左耳和右耳的动画做得稍微不一样，如图 3-36 所示。

图 3-36

（13）在不选择任何图层的情况下，选择"椭圆"工具，在画面上绘制一个椭圆，椭圆的形状和大小和小鹿的眼睛一样，绘制完成后，单击"向后平移（锚点）工具"按钮，将椭圆的锚点移到椭圆的下方，如图 3-37 所示。

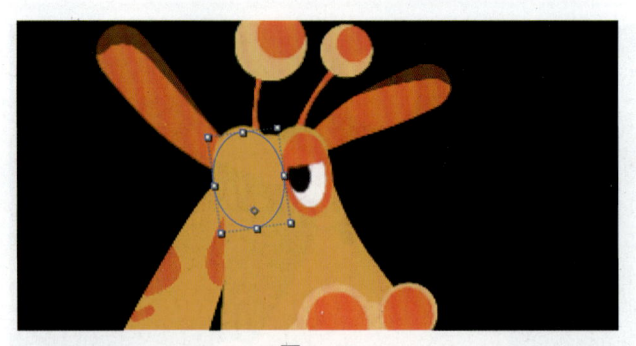

图 3-37

（14）展开"椭圆1"图层，展开"变换：椭圆1"，激活比例前的关键帧，取消"约束比例"，时间指针移到第3帧，设置比例为"100.0，0.0"，时间指针移到第5帧，复制第一帧的关键帧，如图 3-38 所示。

图 3-38

（15）时间指针向后移，将前面的关键帧复制过来，时间间隔没有具体的要求。复制的次数没有具体的时间要求。如图 3-39 所示。

图 3-39

（16）选中"椭圆1"，按 Ctrl+D 组合键复制"椭圆1"，移动位置到另外一只眼睛上，展开"椭圆2"的属性，在"椭圆路径1"中设置椭圆大小，跟另外一只眼睛大小一样，如图 3-40 所示。

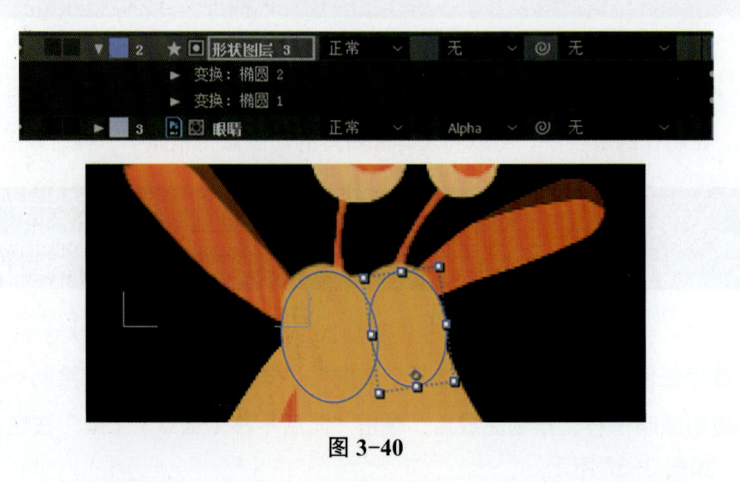

图 3-40

（17）将"眼睛"图层的轨道蒙版设置为"Alpha 遮罩形状图层 1"，这样眨眼动画就做好了，如图 3-41 所示。

图 3-41

（18）选择"钢笔"工具，绘制小鹿的尾巴，展开图层属性，设置路径动画。根据设计的尾巴摆动的时间，将前几帧复制到对应时间，如图 3-42 所示。

图 3-42

（19）使用"钢笔"工具，绘制出小鹿尾巴的毛毛，并将"毛毛"图层的父子链接到"尾巴"图层上，如图 3-43 所示。

图 3-43

（20）展开"毛毛"图层的属性面板，根据尾巴的摆动，制作"毛毛"图层的"位置"和"旋转"的属性动画，如图 3-44 所示。

图 3-44

（21）返回"合成 1"，在"时间"面板中单击鼠标右键，添加纯色层，纯色层颜色为"F9F7BD"，将纯色层移至最下，为小鹿工作制作背景层，如图 3-45 所示。

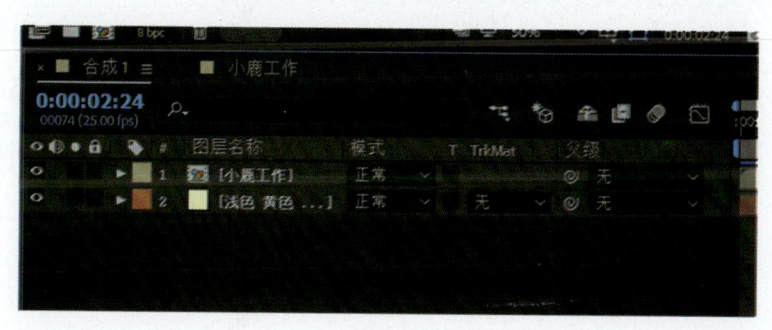

图 3-45

图 3-45（续图）

（22）最后，渲染输出成视频。

学习效果评估

完成本章内容的学习后，你对自己的学习情况是怎样评价的，请扫码完成下面的学习效果评估表。

职场小知识

影视策划制作总监岗位职责：

1．负责部门任务的总体协调和安排，负责影视项目的题材选取，分析可行性的实施方案。

2．负责影视项目的创意策划及提案。

3．负责选取题材、项目，作为公司的储备资源。

4．负责公司影视剧项目宣传方案的具体执行。

5．负责市场推广所需的宣传品和广告策划。

6．负责公司重大宣传活动的组织、安排，公司新闻策划与传播。

7．负责媒体、合作伙伴沟通与协作。

CHAPTER FOUR

第 4 章　抠像技术

本章导读

在电影电视制作过程中，考虑到拍摄时可能会遇到的一些实际问题，如演员的人身安全、拍摄成本、视觉表现力等，有些镜头在实际拍摄时是将没有演员的户外空镜头和演员在棚内拍摄的画面合成的，这时就需要将演员在棚内拍摄的背景都去掉，只留下演员的图像信息，再将其合成到没有演员的户外空镜头中，这就需要依靠抠像技术来实现。

抠像技术的原理跟遮罩类似是影视后期制作中常见的一种合成类特效，其应用也非常广泛。

学习目标

1. 知识目标

通过抠像技术的学习，能够理解和应用 AE 软件中最常用到的颜色键抠像方法。

2. 能力目标

能够理解抠像的概念和原理；能够利用抠像技术进行图像处理。

3. 素养目标

培养学生理论联系实际的工作作风、严肃认真的科学态度及独立工作的能力，树立自信心。

4.1　抠像的概念

"抠像"的英文为"Key"，意思是吸取画面中的某一个颜色并将其变成透明色，该词早期诞生于电视制作，用来与其他画面形成二次叠加。

在 AE 软件中，抠像是根据某种颜色值、亮度值来定义透明度，将与选定的颜色值或亮度值类似的像素变成具有透明度的像素。在影视后期制作时，经常需要为某个人物或物体更换背景或场景，这就需要借助抠像技术来实现，如图 4-1 所示。

图 4-1

在 AE 软件中，执行"效果"→"Keying"命令或"效果"→"抠像"命令，在其子菜单中即可选择常用的抠像方式，如图 4-2 所示。

图 4-2

抠像的方法非常多，其中，颜色键抠像是一种很有代表性的抠像技术，它的原理是指定某个颜色，图像中和指定颜色接近的所有颜色都会变成透明的。就像是为图像添加了一种遮罩，指定像素会被遮罩起来，变得透明。蓝幕抠像或绿幕抠像技术是指抠出颜色一致的背景的一种技术，但并不是说被抠除的背景只能是蓝色或绿色，任何纯色背景都可以借助此技术抠除。

需要注意的是，如果抠像主体是人类演员，由于人的皮肤颜色含有红色信息，因此在拍摄时需要选用不含红色信息的颜色来作背景，如蓝色或绿色。在拍摄人类演员时，演员要避免穿着和背景颜色接近的服饰，避免在抠像时将服饰也变得透明起来。红色背景常用来拍摄主体物不含红色信息的非人类对象，如白色或灰色的物体等。

在 AE 软件中，最常用的颜色键抠像工具是 Keylight，这是一款非常强大的抠像插件，支持 Fusion、NUKE 和 Final Cut Pro 等专业影视后期制作软件。由于 Keylight 使用简单、方便又快捷，它已被内置于 AE 软件中，是一款不需要单独安装的颜色抠像工具，如果背景颜色足够纯净，它还几乎可以实现一键抠像。

4.2　基础案例：绿布抠像

下面，通过一个小案例来学习如何使用 Keylight 进行抠像。

（1）将素材导入合成，选中需要抠像的素材图层，执行"效果"→"Keying"→"Keylight（1.2）"命令，为素材图层添加"Keylight（1.2）"效果，如图 4-3 所示（低版本 AE 软件执行"效果"→"键控"→"Keylight（1.2）"命令）。

图 4-3

（2）添加了"Keylight（1.2）"效果之后，就可以在"效果控件"面板看到其参数，找到"Screen Colour"选项，单击其后方的吸管图标，移动鼠标光标至画面中绿色背景处单击鼠标左键。

（3）此时，可以看到"Screen Colour"选项后方的颜色块已经变成了吸取的绿色，同时，画面中的绿色背景已经透明化了，如图 4-4 所示。

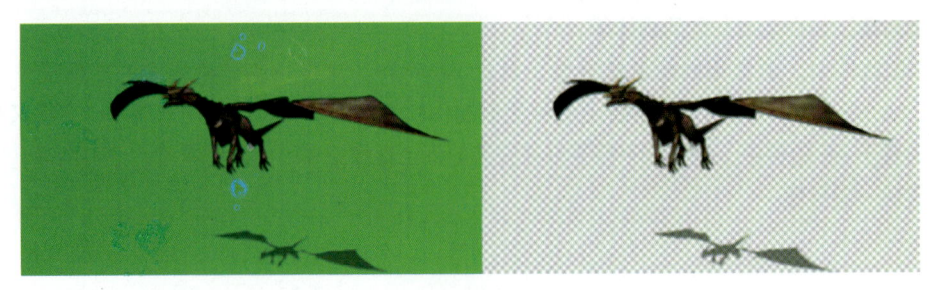

图 4-4

（4）此时，就可以将另一个素材导入作为背景，如图 4-5 所示。

图 4-5

4.3 进阶案例：蝴蝶飞舞

下面，运用之前所学的图层技巧绘制一个"蝴蝶飞舞"的视频。

（1）打开 AE 软件，执行"合成"→"新建合成"命令，在弹出的"合成设置"对话框中，设置宽度为"1 920 px"，高度为"1 080 px"，单击"确定"按钮，如图 4-6 所示。

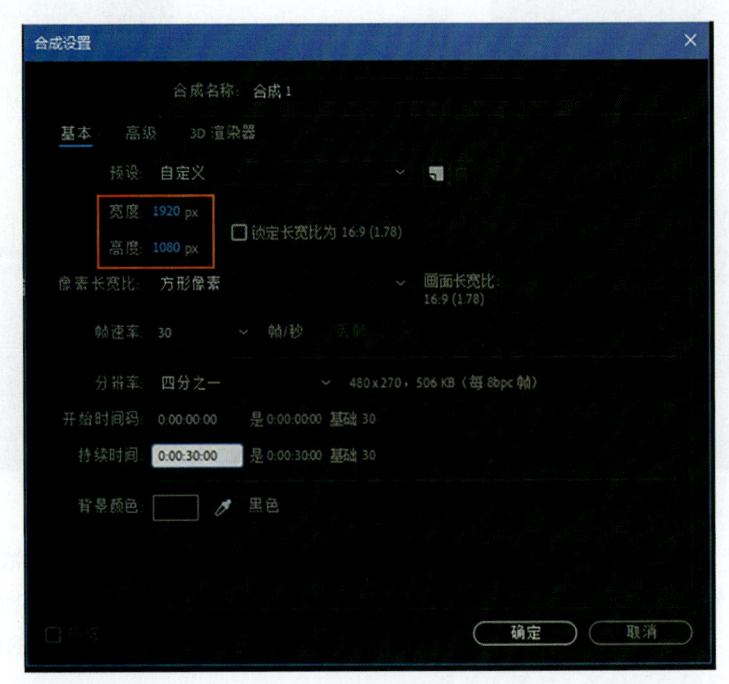

图 4-6

（2）执行"文件"→"导入"→"多个文件"命令，在弹出的"导入多个文件"对话框中加选"背景.jpg"和"蝴蝶飞.avi"文件，如图4-7所示。（操作小技巧：在弹出的"导出多个文件"对话框中按住Ctrl键可以选择多个文件）。

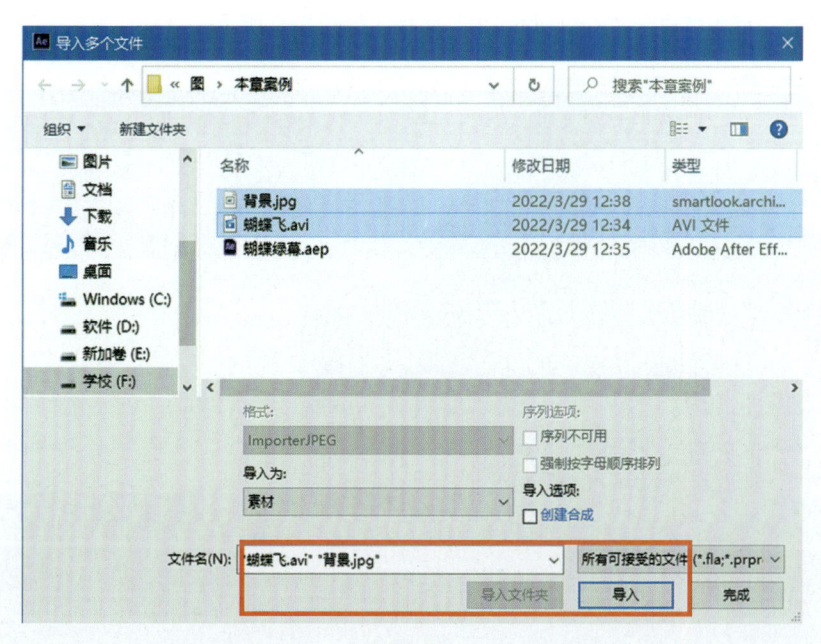

图4-7

（3）在项目面板中选中"背景.jpg"和"蝴蝶飞.avi"文件，单击鼠标左键并按住不放，拖曳到时间轴列表再松开鼠标左键，此时素材名称将显示在时间轴列表，同时显示在合成预览区内，如图4-8所示。

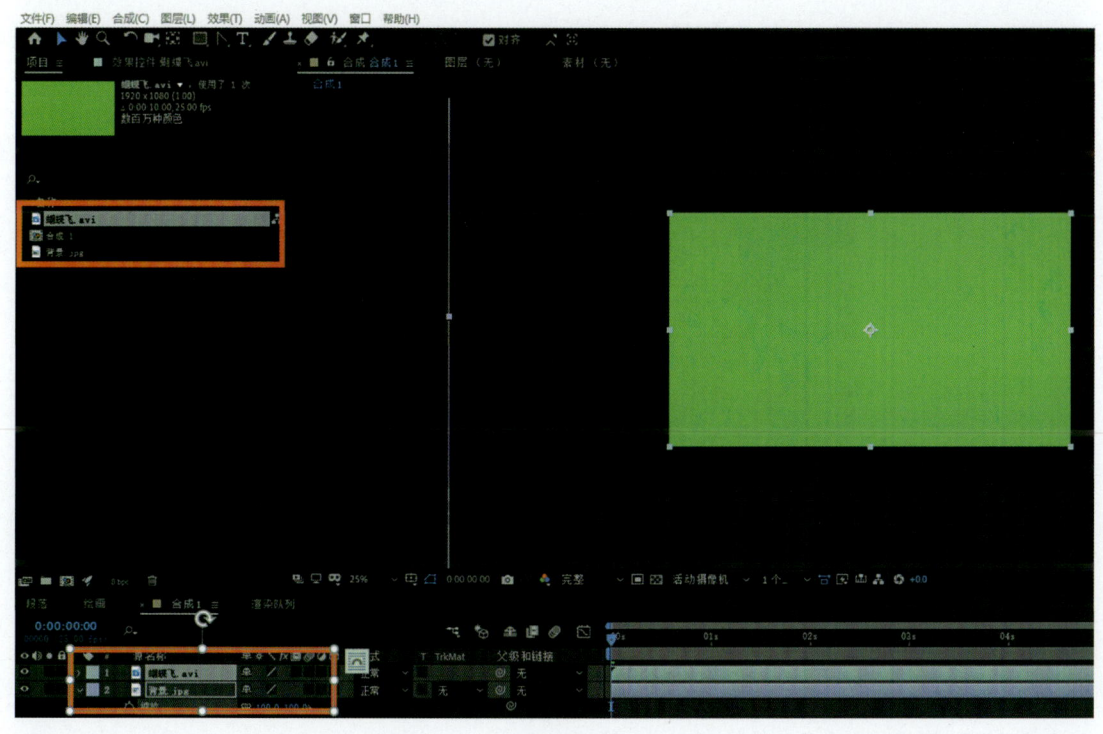

图4-8

(4)选中"背景"图层,执行"图层"→"变换"→"适应复合宽度"命令,调整背景至合适大小。

(5)选中"蝴蝶飞"图层,将绿色背景隐藏。执行"效果"→"Keying"→"Keylight(1.2)"命令,此时"效果控件"面板将显示"Keylight(1.2)"面板,如图4-9所示。

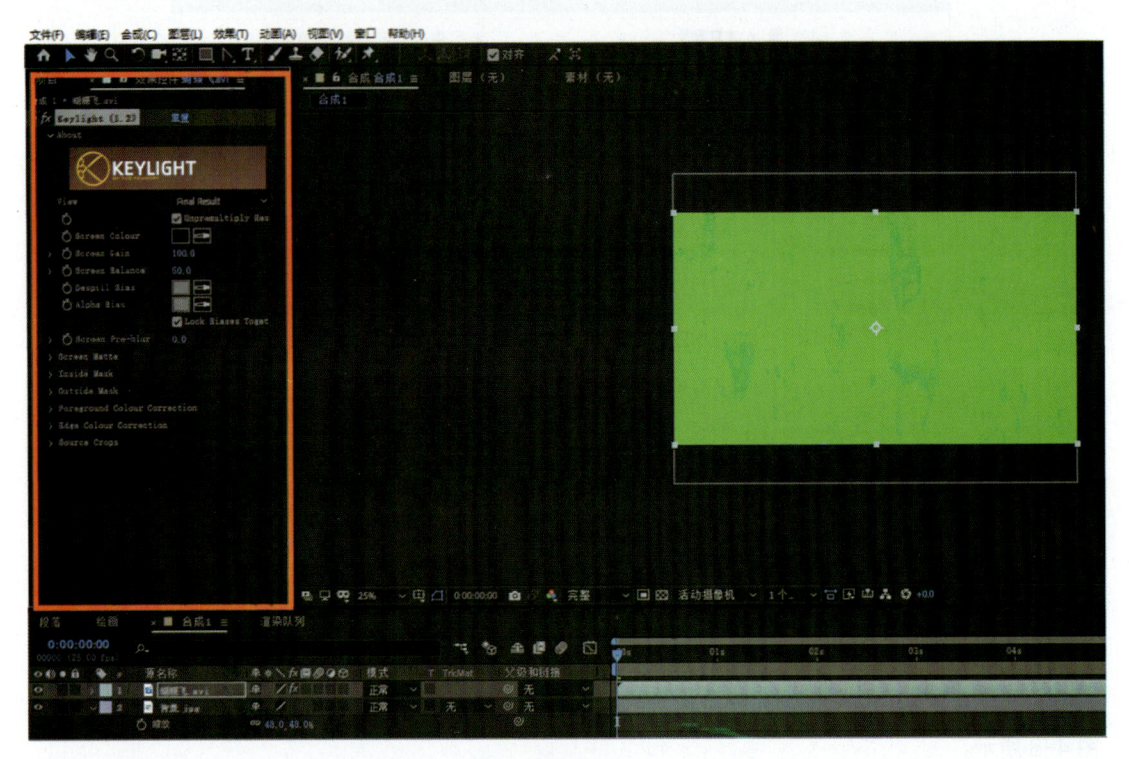

图 4-9

(6)在"Keylight(1.2)"面板中单击"Screen Colour"参数后面的"吸管"工具,在视口中吸取绿色背景,此时,绿幕将被抠除,如图4-10所示。

图 4-10

(7)在项目面板空白处单击鼠标右键,在弹出的快捷菜单中选择"新建合成"选项,生成"合成2",继续在空白处单击鼠标右键,在弹出的快捷菜单中执行"导入"→"文件"命令,选择"电视"素材导入,将"合成1"和"电视"拖曳至时间轴面板,如图4-11所示。

(8)选择"合成1",执行"效果"→"扭曲"→"边角定位"命令,将蝴蝶在花丛中飞舞的视频,边角定位至电视机的四个角。

(9)单击"预览"面板中的"播放"按钮,预览效果。至此,本案例绘制完成(图4-12)。

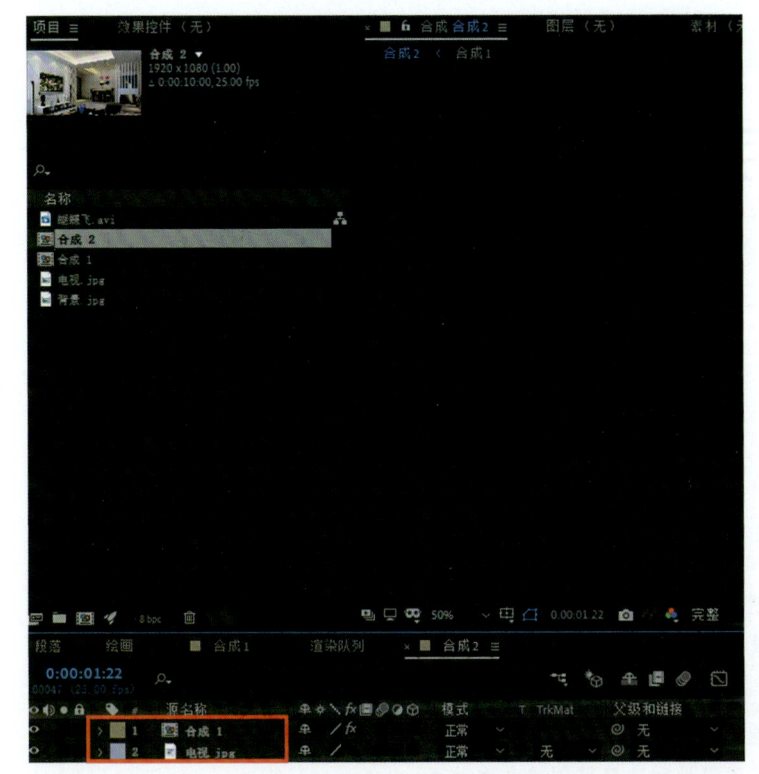

图 4-11　　　　　　　　　　　　　　　　　　　　　图 4-12

学习效果评估

完成本章内容的学习后,你对自己的学习情况是怎样评价的,请扫码完成下面的学习效果评估表。

职场小知识

在实际的职场中,熟练使用快捷键能有效提高视频及动画处理的速度,从而提高工作效率。记忆快捷键最好的方法是多使用,多做案例,用得多了就记得牢了,而不是死记硬背。

CHAPTER FIVE

第 5 章 文字动画

本章导读

在影视后期制作的过程中，文字动画是一个非常重要的环节，它的应用十分广泛，包括但不限于动画标题、下沿字幕、演职员表滚动字幕和动态排版等。

在AE软件中，文字主要是以"文本"图层的形式来创建的，用户可以为整个"文本"图层的属性或单个字符的属性设置动画，如文本的颜色、大小、位置等，也可以使用文本动画器属性和选择器创建文本动画。

需要注意的是，"文本"图层也是矢量图层。与"形状"图层和其他矢量图层一样，"文本"图层也是始终连续地栅格化，因此在缩放图层或改变文本大小时，它会保持清晰，并不依赖分辨率的高低。

此外，AE软件能自动识别并加载用户电脑中所安装的字体，因此，用户可以通过下载并安装各种字体来帮助创建出更加具有视觉表现力的文字动画。

学习目标

1. 知识目标

通过文字动画的核心技能训练进一步巩固、深化和扩展理论知识与专业技能，使学生掌握AE软件中"文字"工具的使用方法及"文字"图层常用属性的设置。

2. 能力目标

能够利用"文字"工具制作出不同的动画效果，完成课堂任务，并将所学知识灵活地运用到自己的创意中。

3. 素养目标

通过循序渐进地引导、案例展示，激发学生的学习兴趣；通过课堂任务的完成，树立学习自信心。

5.1 文字的创建

在 AE 软件中，文字是以"文本"图层的形式存在的，"文本"图层是图层的一种。创建"文本"图层的方法主要有以下两种。

（1）在工具栏中选择"文字"工具，如图 5-1 所示，在预览区中单击鼠标左键，即可在当前位置创建出一个"文本"图层，输入需要的文字即可。

图 5-1

（2）在菜单栏中执行"图层"→"新建"→"文本"命令，即可新建一个"文本"图层，如图 5-2 所示。默认情况下，这种方法创建的文本位于合成预览区中央，此时输入需要的文字即可完成"文本"图层的创建，如图 5-3 所示。

图 5-2

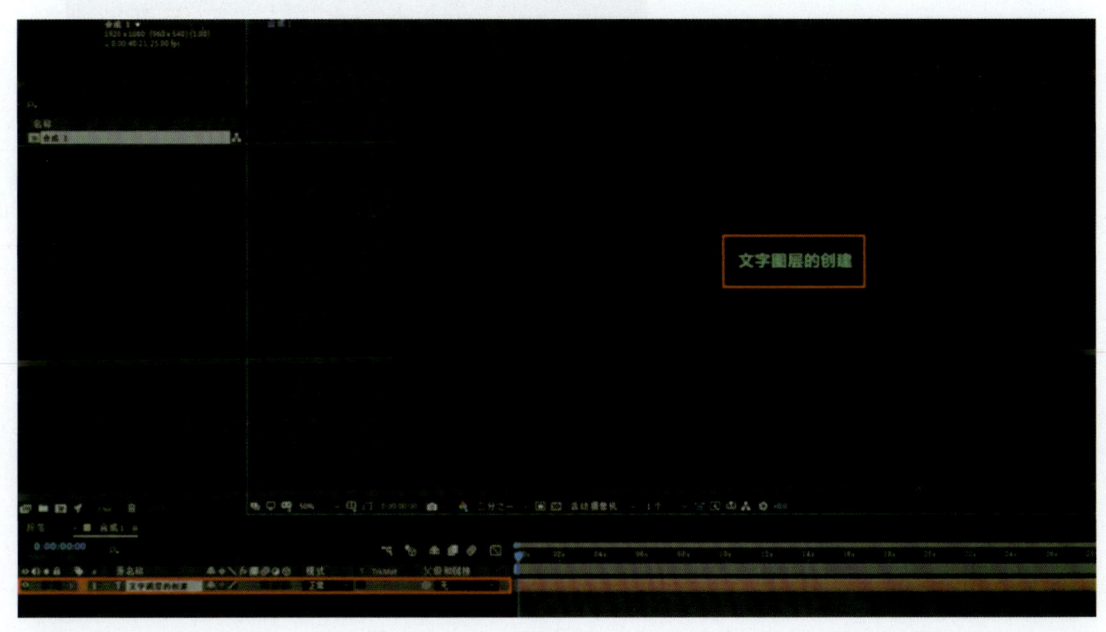

图 5-3

"文字"工具有两种,分别是横排文字工具和直排文字工具。在工具栏上选择"文字"工具按钮按住鼠标左键不放,在弹出的"文字"工具的下拉列表中进行选择或按 Ctrl+T 组合键,即可实现两种"文字"工具的切换,如图 5-4 所示。

图 5-4

5.2 文字的编辑

5.2.1 "字符"面板

文本创建后,若需要对文字的字体、字号、颜色等进行修改,可以通过"字符"面板对文字进行修改。通常情况下,"字符"面板位于活动视口的右侧,若不显示,可在菜单栏中执行"窗口"→"字符"命令,即可打开"字符"面板,如图 5-5 所示。

在"字符"面板中,可调节文字的"字体""颜色""大小""字符间距""行间距"等属性。其设置方法与 Photoshop 等常用软件一致。

(1)"字体"设置。选择"文本"图层,此时"字符"面板上显示当前文字所使用的字体,单击字体名称后面的小三角图标,即可打开字体列表。在列表中选择需要的字体,单击即可完成字体的切换,如图 5-6 所示。

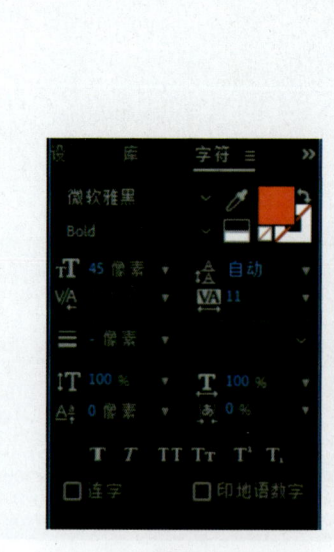

图 5-5 　　　　　　　　　　图 5-6

（2）文字"颜色"的设置。选择"文本"图层，单击"颜色"按钮，弹出"文本颜色"对话框，在该对话框中选择所需要的颜色，然后单击"确定"按钮，即可改变文字的颜色，如图 5-7 所示。

图 5-7

（3）文字"大小"的设置。选择"文本"图层，单击"设置文字大小"按钮，输入所需数值或单击右侧三角形图标选择预设大小，该数值的单位为像素，如图 5-8 所示。

除了上述几种基本属性之外，在"字符"面板中还可以设置"字符间距""行间距"等属性，这些属性的设置方法和其他文字排版软件的设置方法基本相同。

5.2.2 修改文字内容

文本创建后，若需要修改之前所创建的文字内容，有两种方法：①在工具栏中选择"文字"工具，在视图预览区中单击选中文字，即可对文字进行修改；②在图层面板中，用鼠标双击要修改文字的"文本"图层，即可对文字进行修改，需要注意的是，使用此方法进行操作时，会选中该图层的所有文字。

图 5-8

5.2.3 为文字添加样式

AE 软件给使用者提供了"图层样式"的功能，其效果与 Photoshop、Illustrator 大致相同，因为"文字"图层也是图层的一种，因此这些样式也可以作用于文字。

创建图层样式的方法有以下两种。

（1）选择要添加图层样式的图层，单击鼠标右键，在弹出的快捷菜单中单击"图层样式"，在下拉菜单中选择相应的样式即可，如图 5-9 所示。

（2）在菜单栏中，执行"图层"→"图层样式"命令，在下拉菜单中选择需要的图层样式即可，如图 5-10 所示。

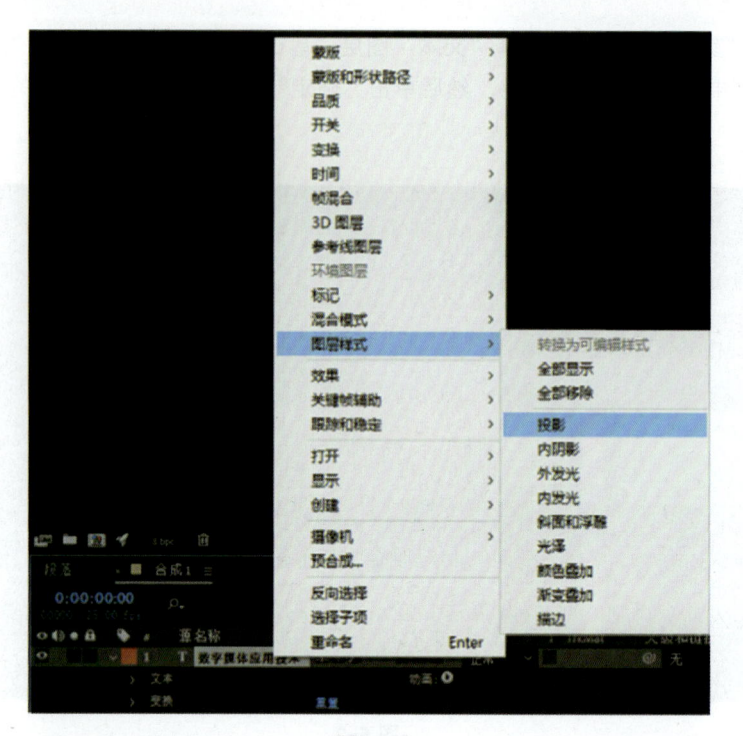

图 5-9

图 5-10

需要注意的是，通过设置大部分图层样式的参数可以制作成动画，只要在图层样式的某项属性前方有码表图标，就表示该属性可以制作关键帧动画，如图 5-11 所示。

图 5-11

5.3 "文本动画制作"工具

在 AE 软件中，制作文字动画有两种思路：一种是把文本按图层的方式来进行动画制作，通过图层的"变换"属性来进行关键帧设置，此时整个"文本"图层中的所有文字是一个整体；另一种是使用"文本动画制作"工具来进行动画制作，这种方法可以实现对同一"文本"图层中的每一个文字进行逐字动画制作。第一种方法，在之前介绍关键帧动画时大家已经有所了解，接下来主要讲解如何利用"文本动画制作"工具制作逐字动画。

5.3.1 使用"文本动画制作"工具的方法

新建"文本"图层，创建文字后，单击该"文本"图层前方的三角形图标，展开"图层"属性，可以看到"文本动画制作"工具按钮，如图 5-12 所示。

图 5-12

单击"文本动画制作"工具按钮，可以打开"文本动画制作"工具列表，在其中单击需要添加的"动画"属性，就可以为文本添加该"动画"属性，如图 5-13 所示。

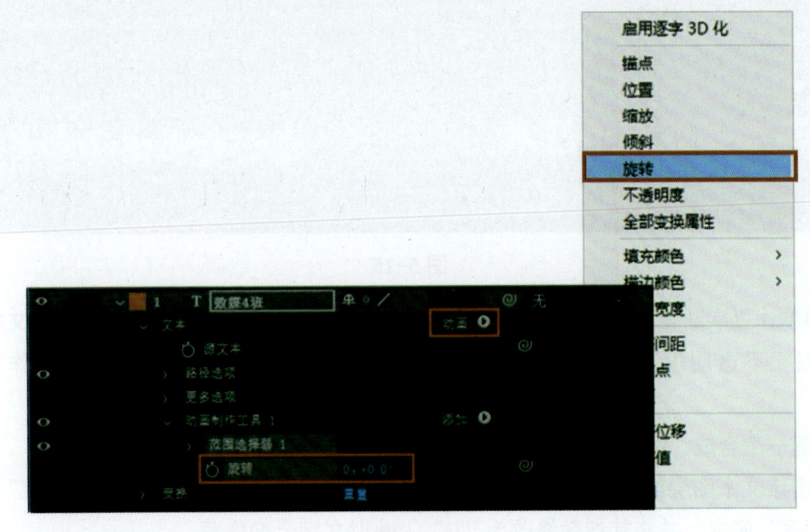

图 5-13

如果需要添加多个"动画"属性，单击"动画制作工具1"后方的"添加"三角形按钮，在弹出的列表中执行"属性"命令，在其下拉列表中选择所要添加的动画属性，如图5-14所示。

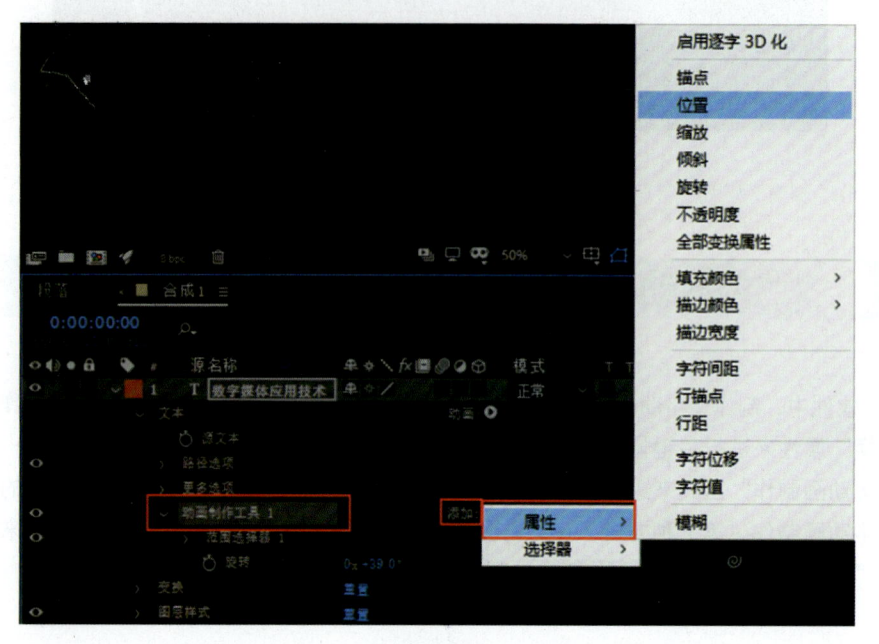

图5-14

5.3.2 使用"文本动画制作"工具制作文字动画

当为文字添加了"文本动画制作"工具中的某项动画属性后，就可以为文字制作基于这个属性的动画了，如使用"文本动画制作"工具为文字添加"旋转"效果后，在"旋转"属性创建关键帧动画，会发现每一个文字保持相同的旋转动画运动，如图5-15所示。

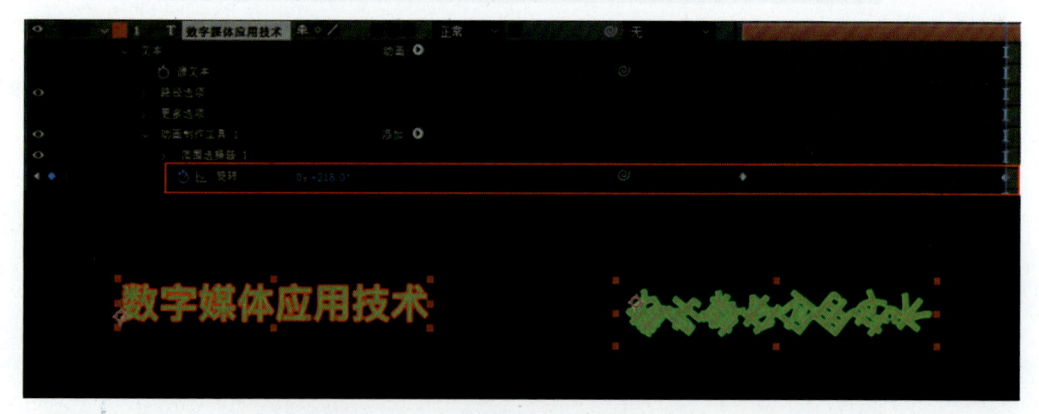

图5-15

如果需要制作逐字动画，就要结合"文本动画制作"工具中的"范围选择器"来对文字进行设置。

下面，以"不透明度"属性为例，讲讲如何使用"文本动画制作"工具制作逐字显示的动画。

（1）新建一个合成，并在合成中创建一个"文本"图层，输入一段文字。

（2）单击该文本图层的"文本动画制作"工具旁的三角形图标，执行"不透明度"命令，为其添加"不透明度"属性，并将其参数修改为"0"，此时文字全部隐藏。

(3)单击"范围选择器 1"前面的三角形图标,展开范围选择器,如图 5-16 所示。

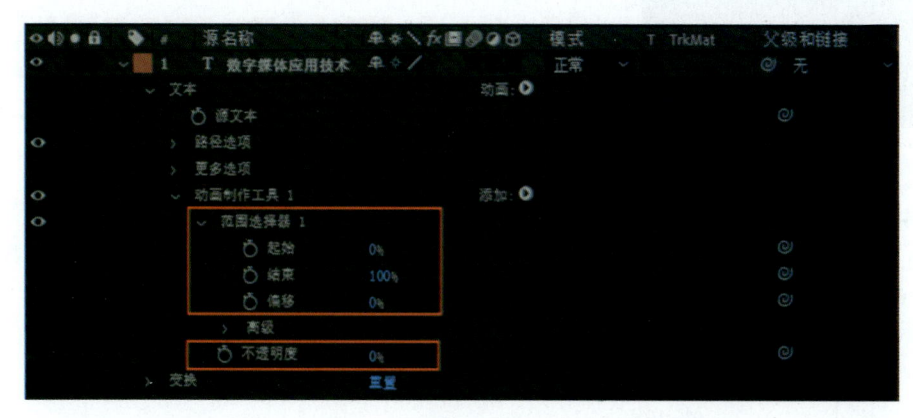

图 5-16

(4)将时间指针移动至 0 帧,在"起始"属性处单击码表图标,创建第一个关键帧。
(5)将时间指针移动至 2 秒处,修改"起始"属性参数为"100%",创建第二个关键帧。
(6)此时,单击"播放 / 停止"按钮,就可以看到文字从左至右逐字显示。

5.3.3 范围选择器

范围选择器中包含"起始""结束""偏移"3 个属性,其中,"起始"和"结束"的参数对应效果在整体文字的长度的应用范围,默认"起始"参数为 0%,"结束"参数为 100%,意味着从文字开始到结束,全部应用"不透明度"为 100% 的效果,此时文字可以全部显示出来,如图 5-17 所示。

图 5-17

修改"起始"参数为 62%,"结束"参数为 100%,显示效果如图 5-18 所示,从整体文字长度的 62% 开始至结尾,应用了"不透明度"为 0% 的效果,此时文本从 62% ~ 100% 为隐藏状态,如图 5-18 所示。

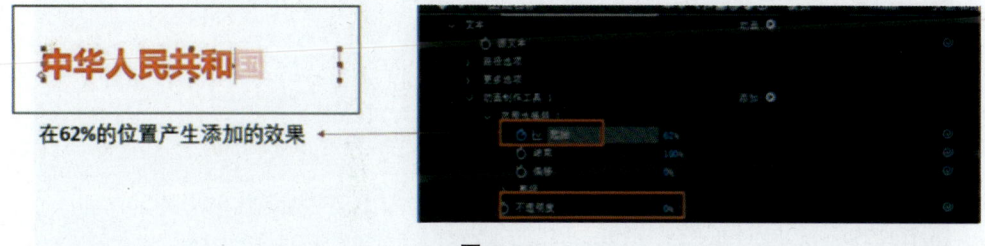

图 5-18

修改"起始"参数为 100%,"结束"参数为 100%,显示效果如图 5-19 所示,文字从结尾开始,应用了"不透明度"为 0% 的效果,此时文字全部显示。

图 5-19

"偏移"参数决定效果应用的范围。例如，输入"中华人民共和国万岁！"总共 10 个字符，每个字符占总长度的 10%，为文字添加缩放效果，将缩放参数值设为 200%，设置"起始"参数为 0%，"结束"参数为 10%，也就是第一个文字应用"缩放"200% 的效果，如图 5-20 所示。

图 5-20

如果想让每个字依次放大，在"偏移"属性处，创建关键帧动画即可。具体方法为：将缩放参数值设为 200%，设置"起始"参数为 0%，"结束"参数为 10%，"偏移"参数设为 -10%；在第 0 帧处创建一个关键帧；移动时间指针到第 20 帧，设置"偏移"值为 100%；此时按"播放"按钮预览，即可发现：从第 0 帧时第一个字逐渐放大至 200% 又恢复原样，其他字依次放大又恢复原样。

5.4 基础案例：创建霓虹灯文字效果

（1）创建"文字"图层，输入任意文字内容。
（2）在图层列表中选择"文字"图层，单击鼠标右键，在弹出的快捷菜单中执行"图层样式"→"描边"命令，此时"文本"图层下方显示"图层样式"属性，展开其属性，可见"描边"的具体参数，如图 5-21 所示。

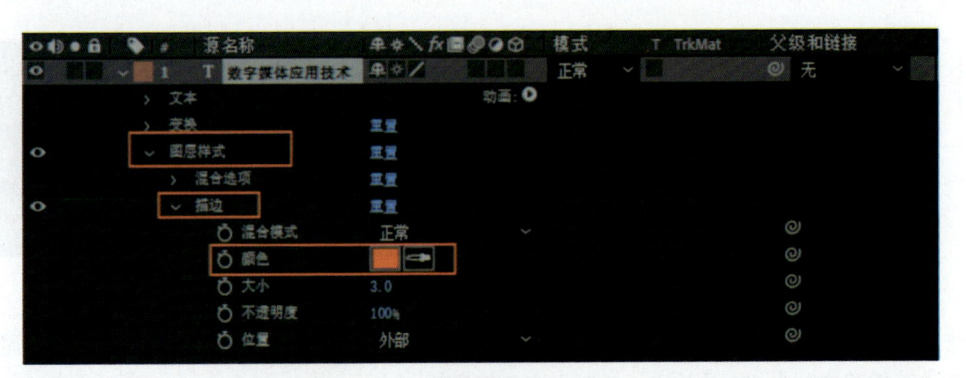

图 5-21

（3）设置合适的描边大小及颜色，单击"颜色"属性前方的码表图标，在第 0 帧处创建第一个关键帧。

（4）移动时间指针至第 2 帧，单击"颜色"属性后面的"颜色"按钮，更改颜色，此时在第 2 帧处，生成第 2 个关键帧。

（5）重复上一步，更改不同的颜色。

（6）此时，霓虹灯效果文字绘制成功。

5.5 进阶案例：文字动画

（1）新建一个时长为 12 秒、背景为黑色的合成。

（2）绘制一条直线，在"动画"中找到"中继器"，调整"副本数量"和"副本位置"，如图 5-22 所示。

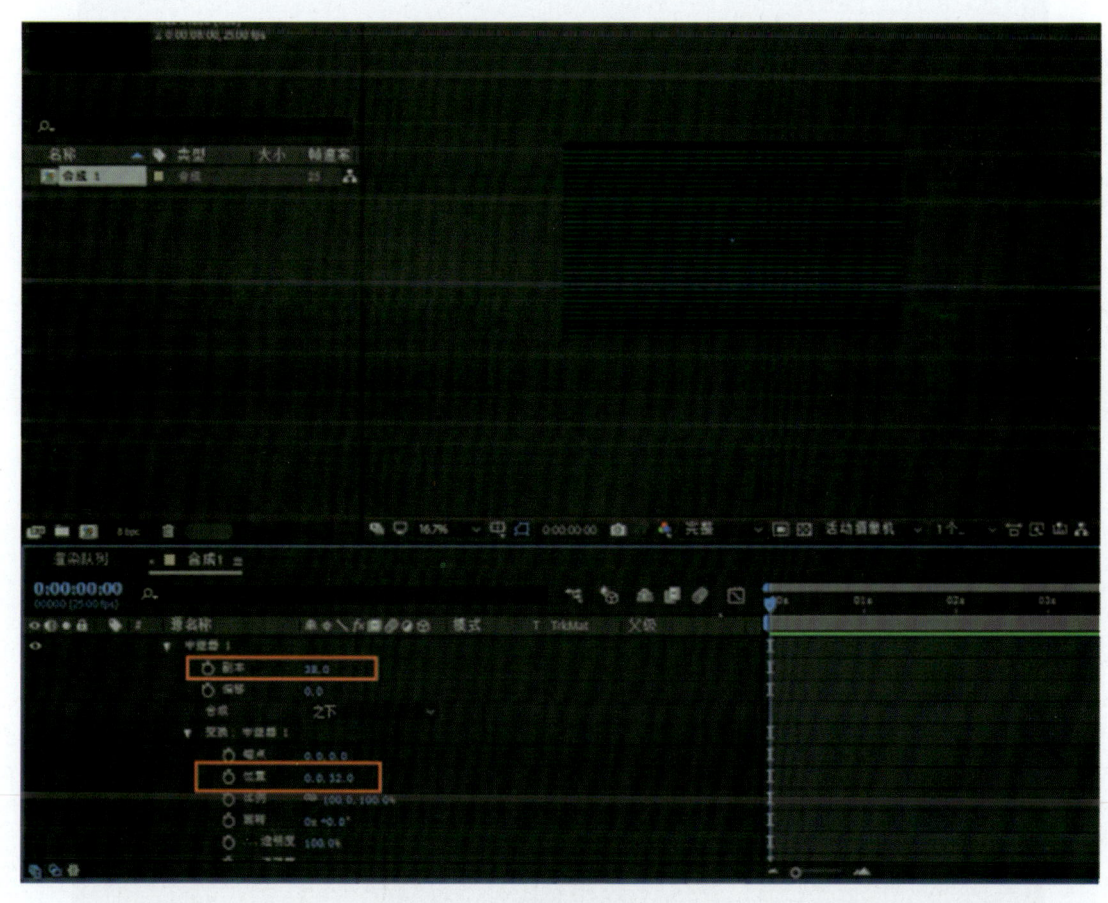

图 5-22

（3）添加一个"扭转"，调整"角度"，如图 5-23 所示。

（4）绘制一个黑色矩形，再添加一个"文字"图层，书写文字，如图 5-24 所示。

（4）将"文字"图层及绘制的"背景"图层合成一个预合成。复制两个一样的预合成，在两个复制出来的预合成上分别绘制出文字上下的蒙版，如图 5-25 所示。

062 第 5 章 文字动画

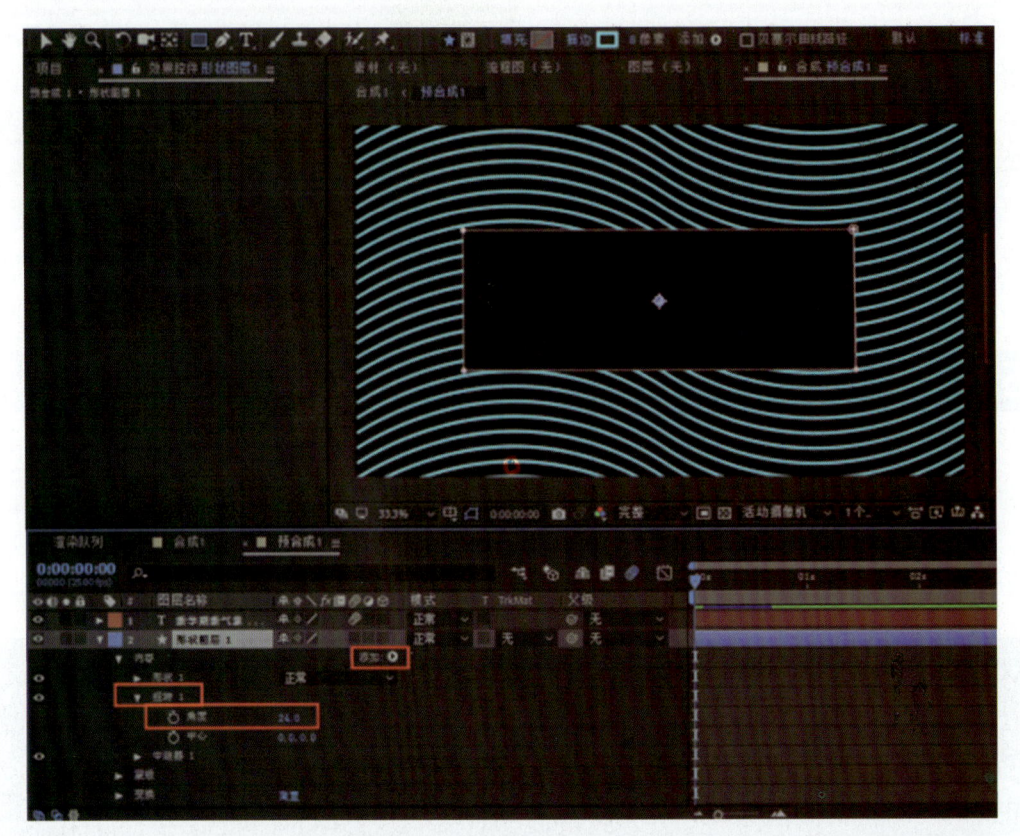

图 5-23

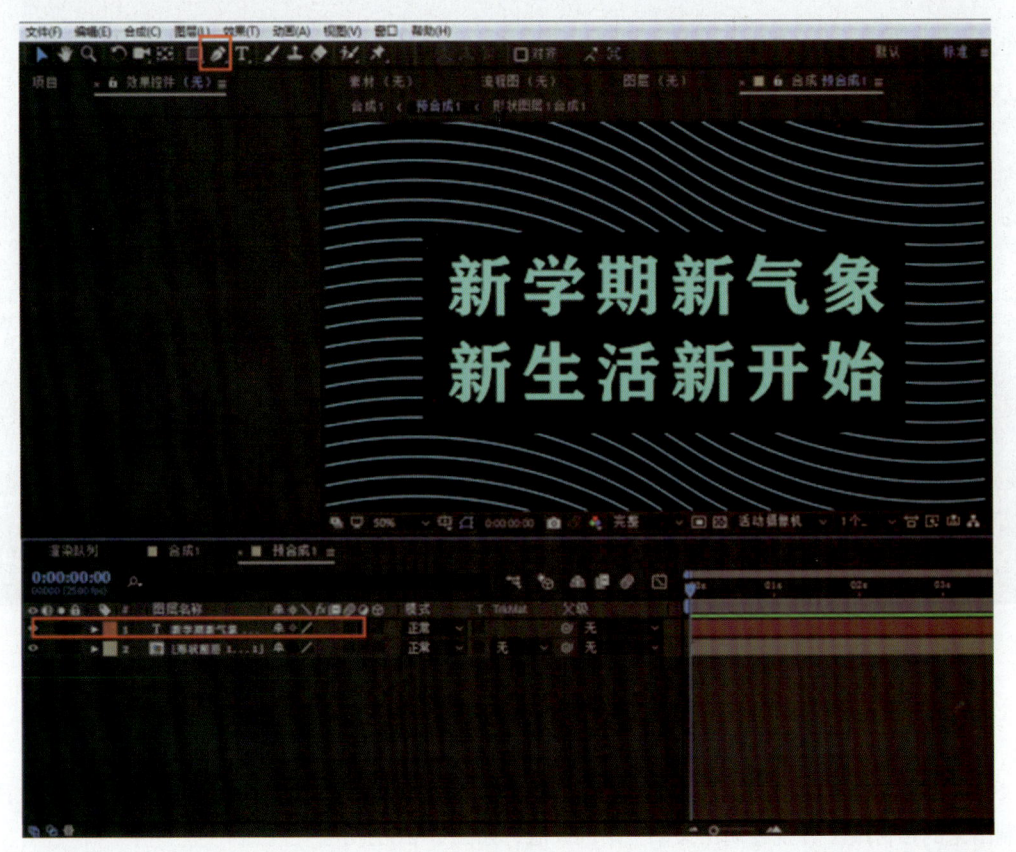

图 5-24

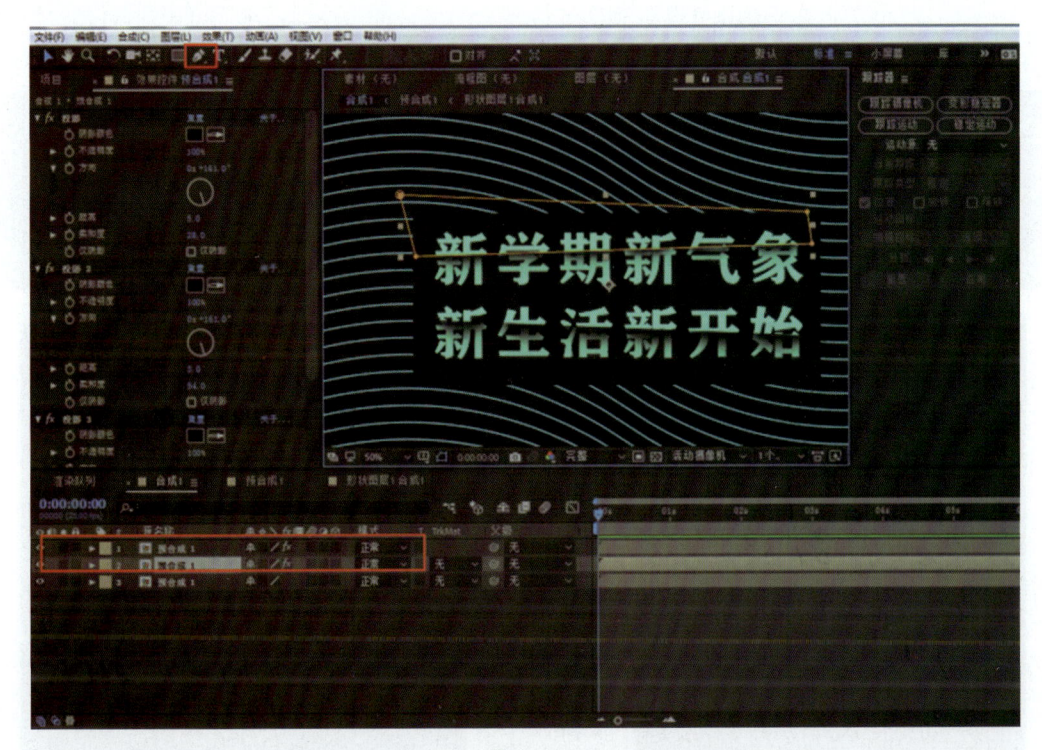

图 5-25

（5）给两个蒙版添加投影（操作小技巧：按 ctrl+D 组合键重复添加阴影），调整阴影的"不透明度"和"柔和度"，如图 5-26 所示。

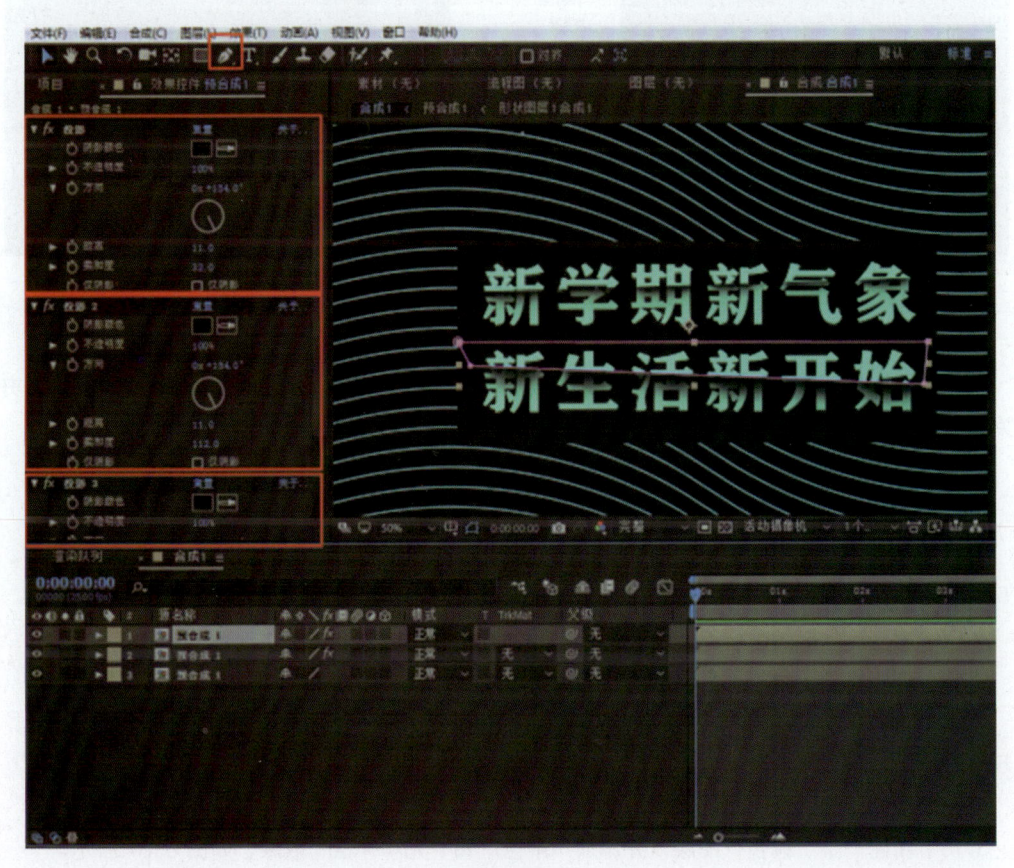

图 5-26

(6)双击"预合成1",进入"文字"图层,给文字添加位置动画,如图5-27所示。

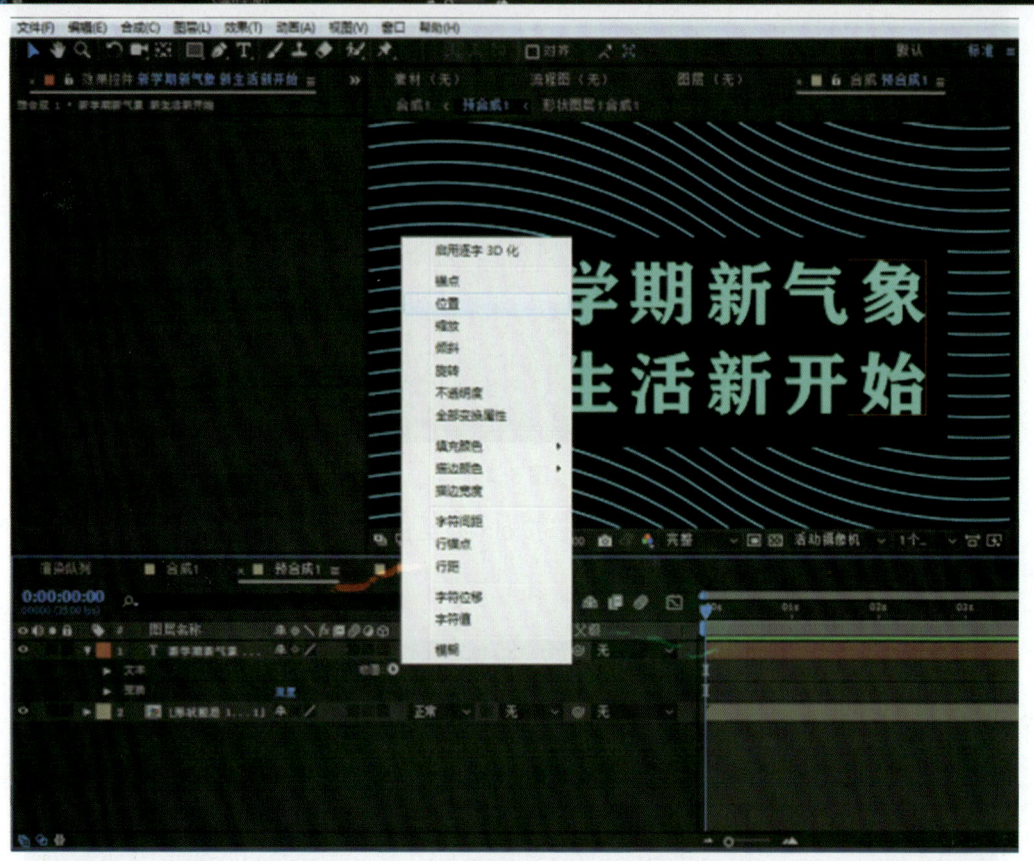

图 5-27

(7)调整文字位置于整个合成之外,如图5-28所示。

(8)调整"范围选择器"的起始参数,在第0帧和第1秒左右分别调整为0%和100%,并打上关键帧,如图5-29所示。

(9)展开"高级"选项,在"依据"里找到"行",此时文字成行出现,如图5-30所示。

(10)打开"文字"图层的"模糊运动",如图5-31所示。

(11)给文字添加信号干扰效果,执行"效果"→"杂色和颗粒"→"分形杂色"命令,如图5-32所示。

(12)调整"分形杂色"参数,如图5-33所示。

(13)调整"分形杂色"出现时长,如图5-34所示。

(14)调整"分形杂色"的"演化选项",并在"分形杂色"开始和结束时打上关键帧,如图5-35所示。

(15)为"分形杂色"图层绘制一个蒙版,如图5-36所示。

(16)新建一个"调整"图层,并添加"杂色"和"光学补偿"效果,如图5-37所示。

第 5 章　文字动画　065

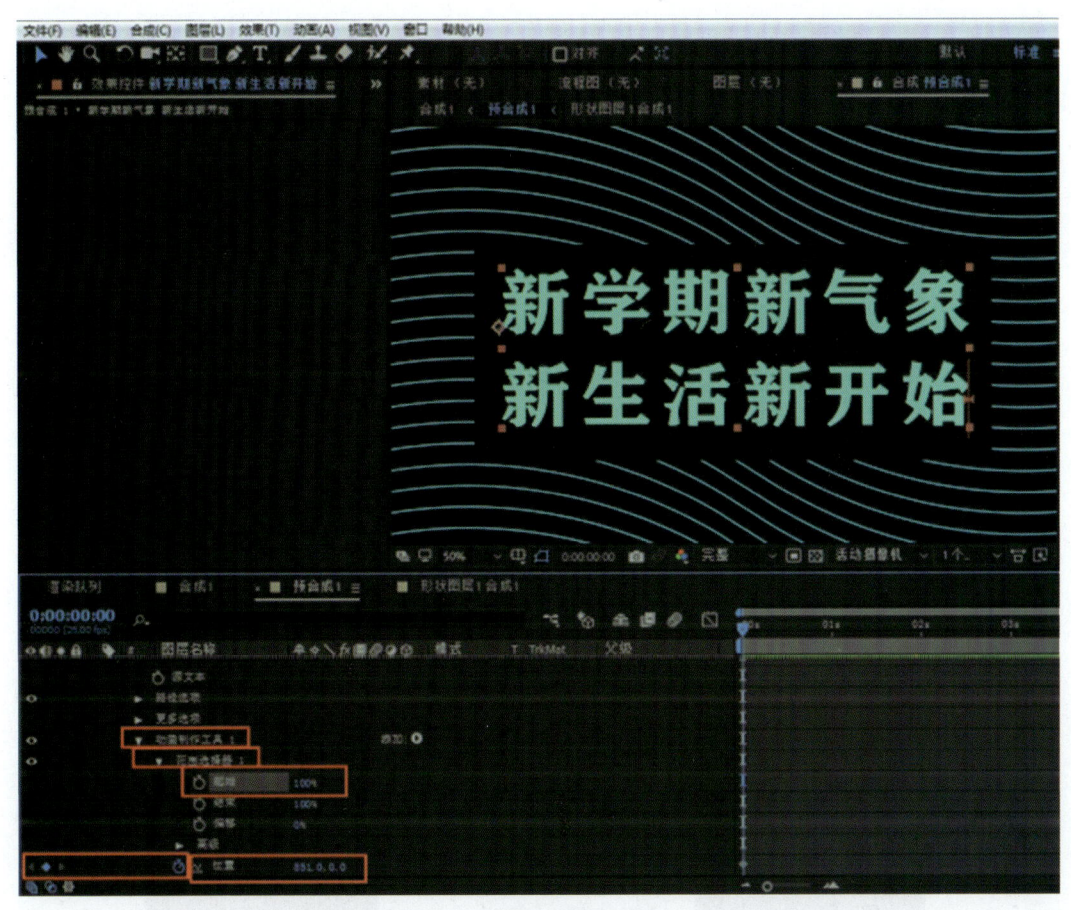

图 5-28

图 5-29

图 5-30

图 5-31

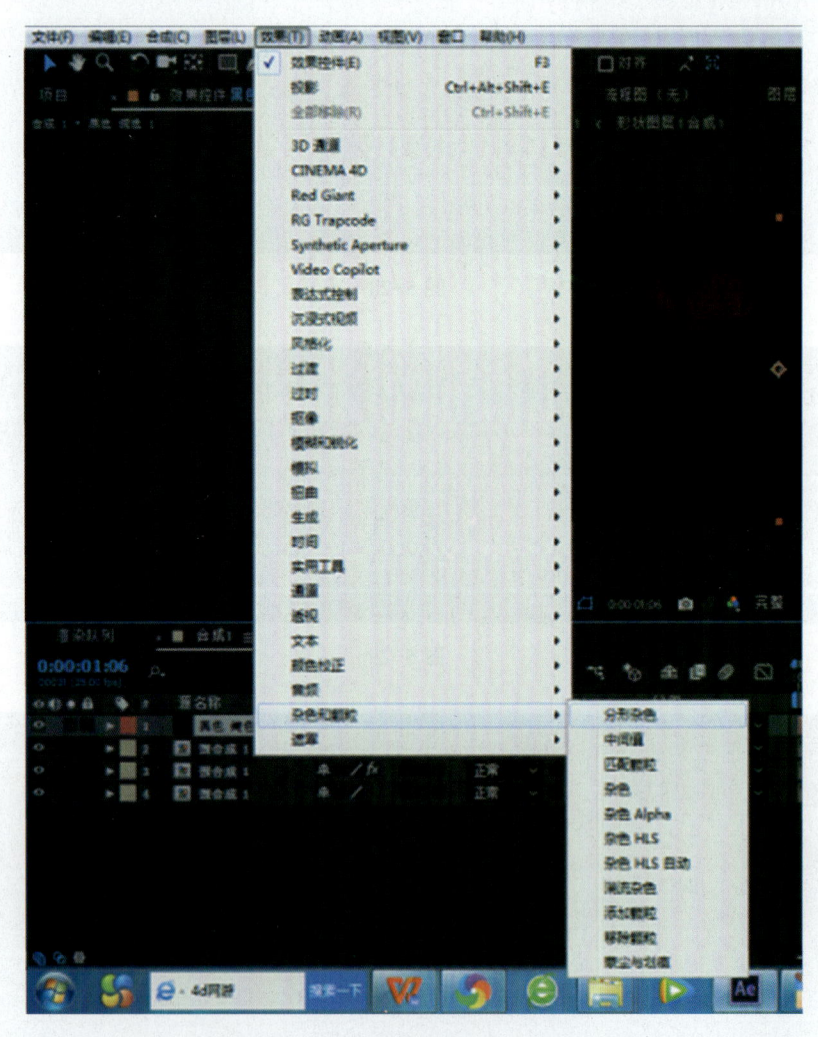

图 5-32

第 5 章　文字动画　067

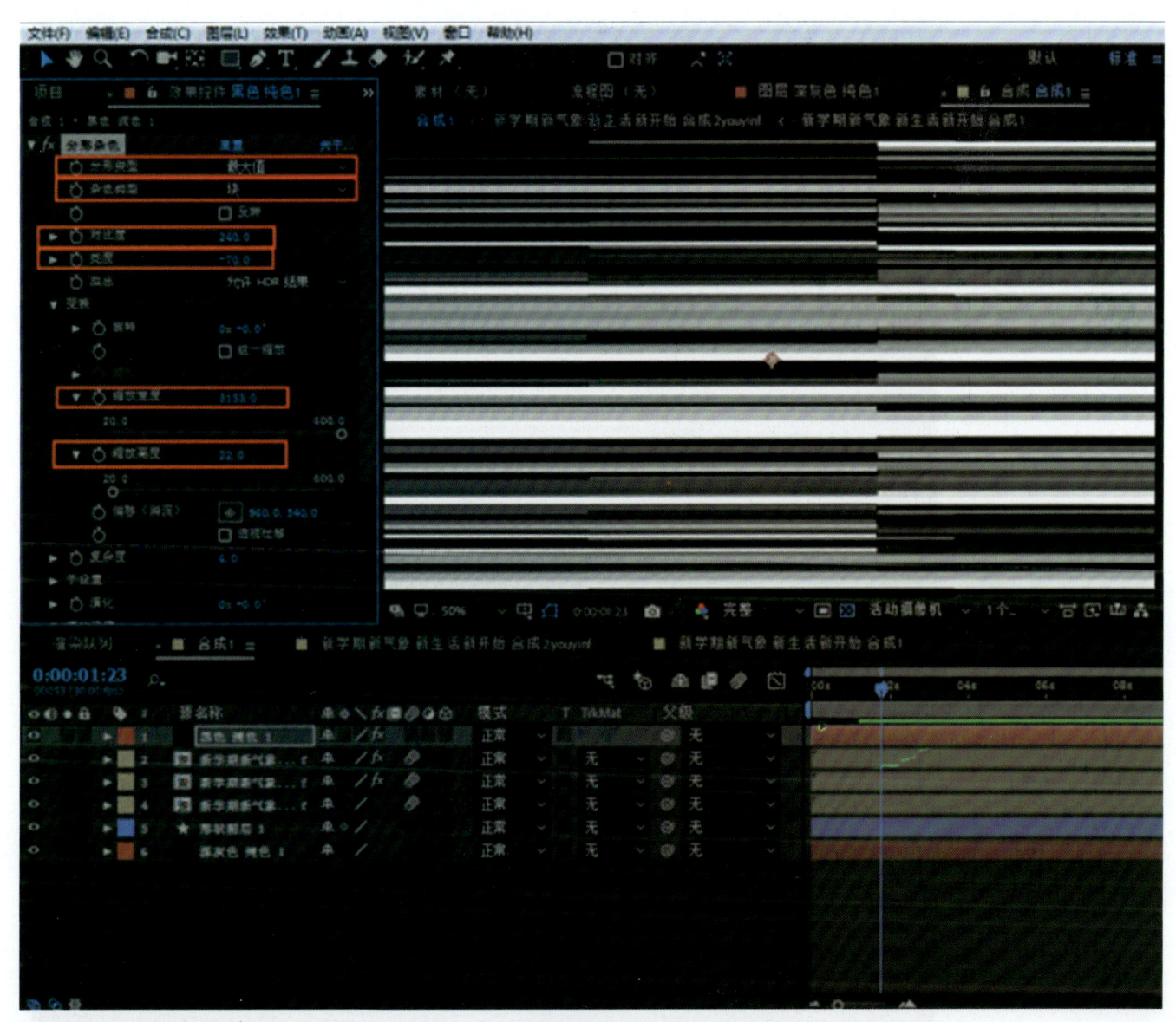

图 5-33

图 5-34

068 ● 第 5 章　文字动画

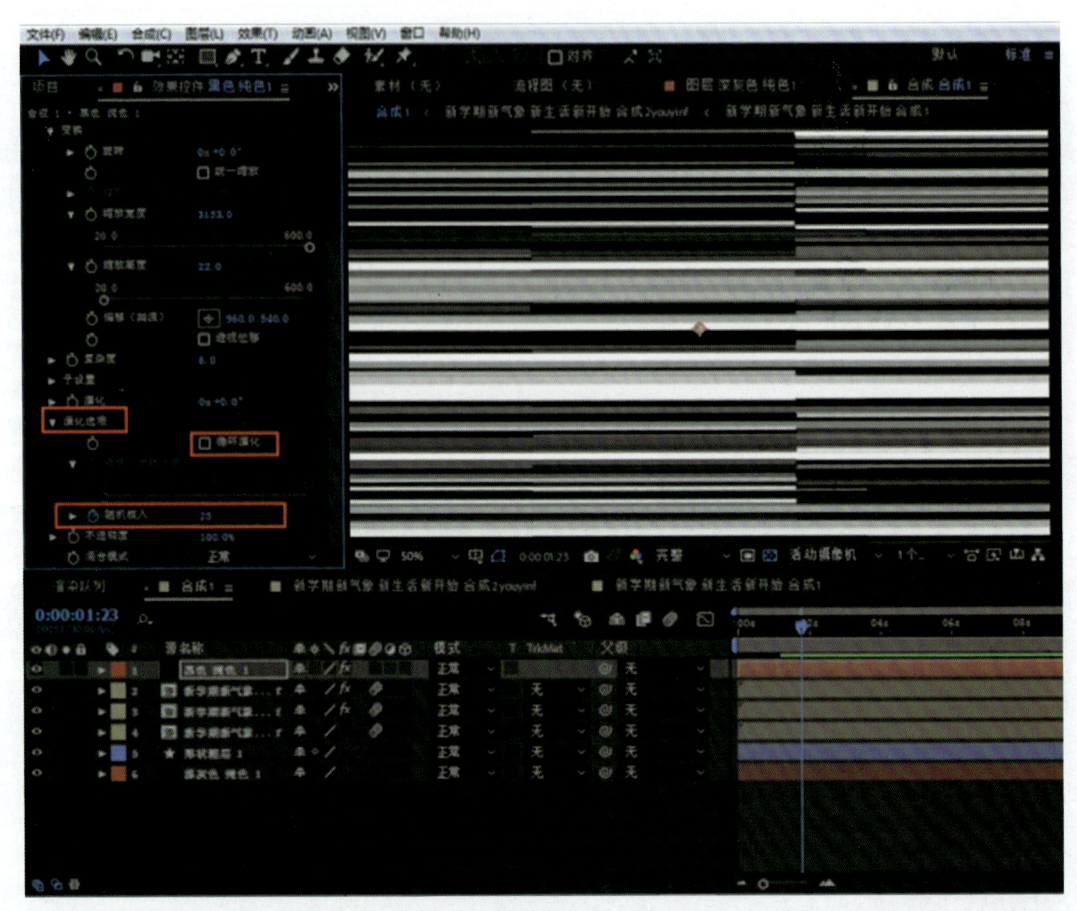

图 5-35

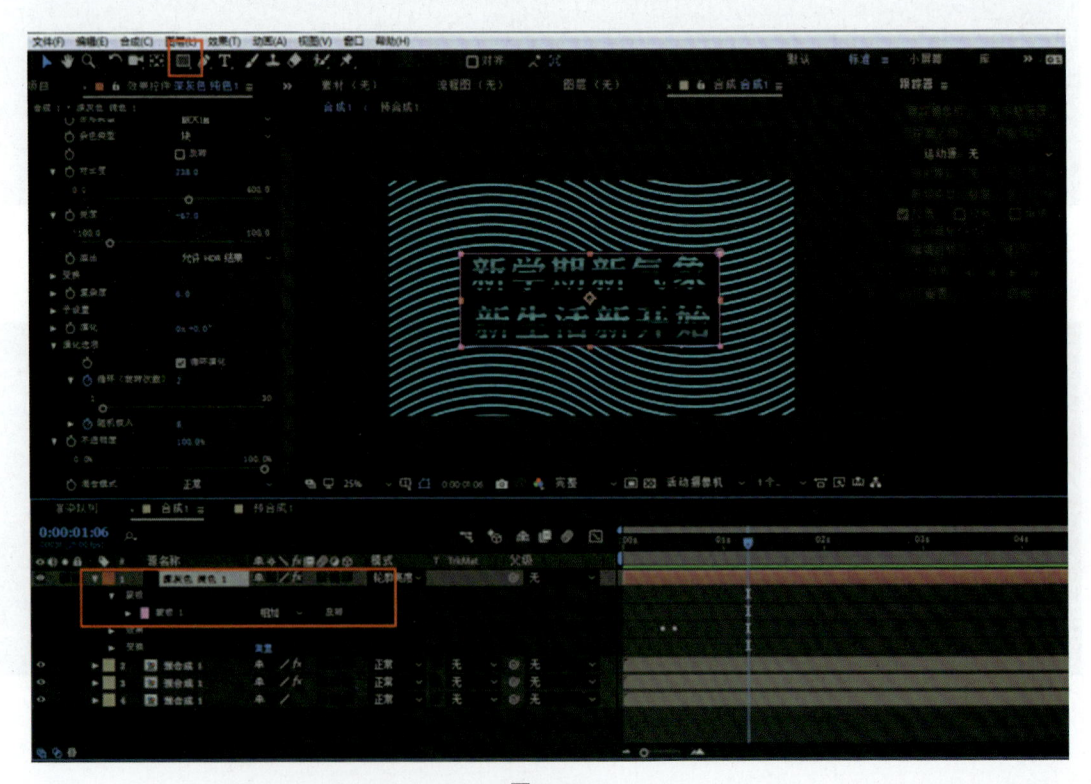

图 5-36

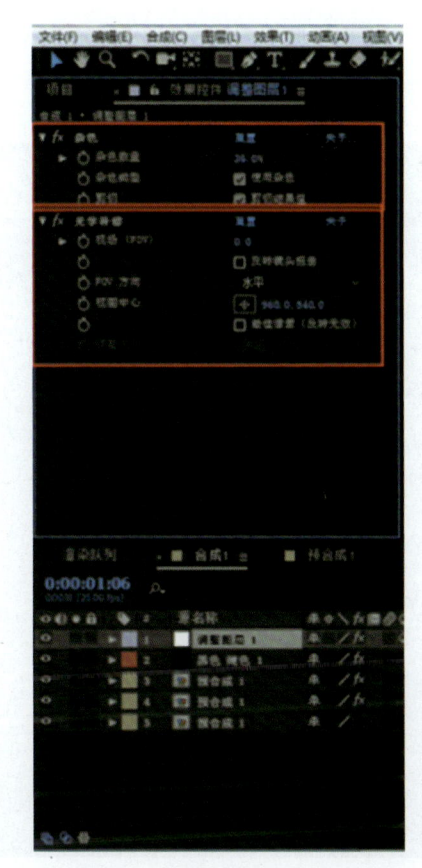

图 5-37

（17）修改"视场"参数，并打上关键帧，让画面产生圆球及展开效果，如图 5-38 所示。

图 5-38

070 第 5 章 文字动画

（18）添加一个"空对象"，选中下面的图层，把图层的父级链接到"空对象"上，如图 5-39 所示。

图 5-39

（19）调整"空对象"的"缩放"属性，完成整个视频的制作，如图 5-40 所示。

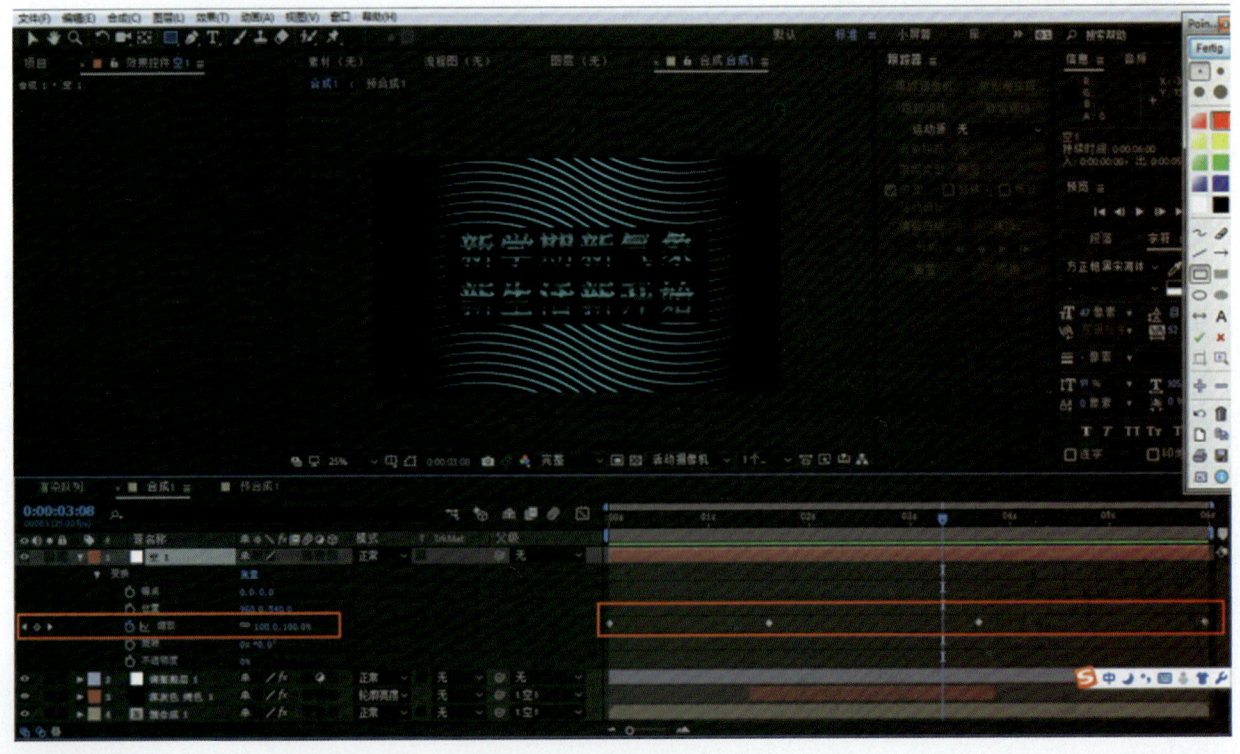

图 5-40

学习效果评估

完成本章内容的学习后,你对自己的学习情况是怎样评价的,请扫码完成下面的学习效果评估表。

职场小知识

在影视后期制作过程中,通常 AE 特效用得比较多的是发光、渐变、阴影、曲线、色调等,还有一些 CC 特效,如 CC Ball,一键制作球体,第三方特效插件需要自己安装,又如粒子插件、E3D 三维插件,这些都是职场上常用的技能,同学们可以根据职业兴趣及自我能力尽量多地扩展文字特效方面的其他常见特效制作方法及插件。

CHAPTER SIX

第 6 章 表达式

本章导读

在 AE 软件中可以通过表达式来调整效果和制作动画,这是 AE 软件的高级动画制作命令,表达式优先于关键帧属性的设定。通过本章的学习,学生能熟练利用几种表达式来制作 AE 软件中的动效。

学习目标

1. 知识目标

了解表达式的几种常用的使用方法,并能够熟练地使用表达式制作出想要的动画效果。

2. 能力目标

能够使用常用的表达式快速完成动画效果,并能够应用到自己的创作中。

3. 素养目标

通过常用表达式的案例演示,培养学生学习动画的兴趣,激发学生的创造力、毅力和团结协作的能力。

6.1 表达式的使用方法

表达式的输入方法是按住 Alt 键并单击"码表"图标,在时间轴上出现表达式的输入栏中输入表达式,如图 6-1 所示。

图 6-1

6.2 几种常用的表达式

（1）使用滑块控件控制摆动。可以通过将值替换为表达式控件的链接（如滑块控件）来为表达式设置关键帧。通过将 "wiggle（ ）" 表达式的第二个参数替换为滑块控件的链接，可以对行为设置关键帧以在特定时间开始和停止。

（2）使图形做圆周运动。可以创建表达式，而不使用其他图层中的属性。例如，可以使图层围绕合成的中心旋转。

选择一个图层。按 P 键在"时间轴"面板中显示其"位置"属性。按住 Alt 键并单击"Windows"或按住"Option"键并单击"Mac OS"属性名称左侧的秒表。

（3）随即摆动。摆动表达式是最常见的 AE 表达式之一。将在随机值之间摆动对象。此表达式可使场景看起来更加自然。将此表达式添加到图层的"位置"属性。

例如，摆动（频率，数量）中频率是每秒摆动的次数，数量是摆动的值。因此，"wiggle（5, 26）"表示，在任意方向，图层每秒摆动次数为 5，摆动的值为 26 像素。

（4）抖动。通常将抖动称为惯性回弹，该表达式使用图层自身关键帧的动画来创建自然抖动。可以根据其速度创建从一个关键帧到下一个关键帧的任何参数的回弹运动。回弹可以发生在对象移动的任何方向。要实现此动画，需在 AE 软件中创建或导入图形。

将关键帧添加到要设置动画的图层的"位置"属性。将表达式 wiggle(freq,amp,octaves=1,amp_mult=.5,t=time) 中的 freq 表示频率，amp 表示振幅，octaves 表示振幅幅度，amp_mult 表示频率倍频，t 表示持续时间。

（5）随时间旋转。可以使用关联器将图层之间的旋转值关联起来，从而为对象设置动画。时钟的工作方式是指将这三个圆圈视为时钟的三个指针：时针每小时移动，分针在钟面的整个圆周上旋转。

将关联器拖动到最大圆的"旋转"属性。出现表达式"thisComp.layer（"circle"）.rotation"。要使第二个圆的旋转速度是第一个圆的 12 倍，请在表达式末尾添加"*12"，出现表达式"thisComp.layer（"circle"）.rotation*12"。对第三个圆重复相同的操作，并在表达式末尾添加"*24"，出现表达式"thisComp.layer（"circle"）.rotation*24"。

（6）Loop。该表达式允许循环动画，而无须不断添加关键帧。例如，多个形状旋转直到合成结束。在这里，可以为开始旋转设置一个初始关键帧，为结束旋转设置另一个关键帧。然后，当将"LoopOut"表达式添加到"旋转"参数时，旋转将继续。

表达式中的变量用于设置循环类型以及循环中包含的关键帧数。类型可以与"LoopOut"表达式一起使用。Cycle、Continue、Offset 和 Ping Pong 这种类型的循环在最后一个关键帧处结束，然后在选定范围内的第一个关键帧处再次开始。第二个变量是要包含的关键帧数。"LoopOut"基于向后移动的最后一个关键帧。默认情况下，0表示集合中从头到尾的所有关键帧。如果不想将所有关键帧用于循环，请设置一个从末尾开始倒数的数字。将变量设置为1会包括在最后一个关键帧之前的1个关键帧，设置为2则会向后移动2个关键帧，依此类推。

（7）创建图像轨迹。此示例指示图层位于"时间轴"面板中下一个更高图层的相同的位置，但延迟了指定时间量（在此情况下为 0.5 秒）。可以为其他几何属性设置类似表达式。

从缩放到合成大小约 30% 的形状图层开始。打开"位置"属性并添加关键帧；选择图层；按"P"键显示"位置"属性；按住 Alt 键并单击"Windows"或按住"Option"键并单击"Mac OS"属性名称左侧的秒表按钮（请参阅设置、选择和删除关键帧），在表达式字段中输入：thisComp.layer（thisLayer，-1）.position.valueAtTime（time-.5）。

通过选择最后一个图层并按 Ctrl+D 组合键 5 次，将最后一个图层复制 5 次。所有图层使用同一路径，且每个比上一个延迟 0.5 秒。

6.3　基础案例：进度条

（1）新建一个 5 秒左右的合成，然后执行"图层"→"新建"→"纯色"命令，新建一个白色的"纯色"图层，如图 6-2 所示。

图 6-2

（2）再新建一个"形状"图层，如图 6-3 所示，将填充调整成"无"，将描边颜色改成黑色，描边宽度像素为"15"，如图 6-4 所示。

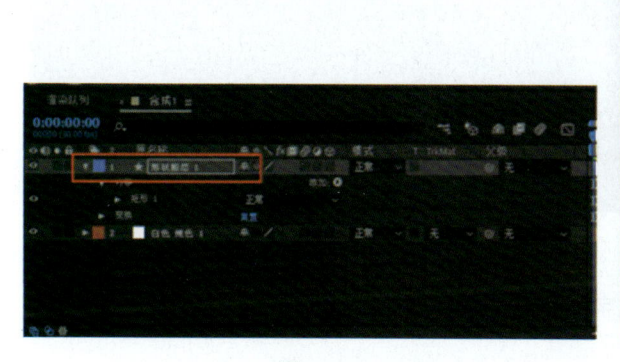

图 6-3 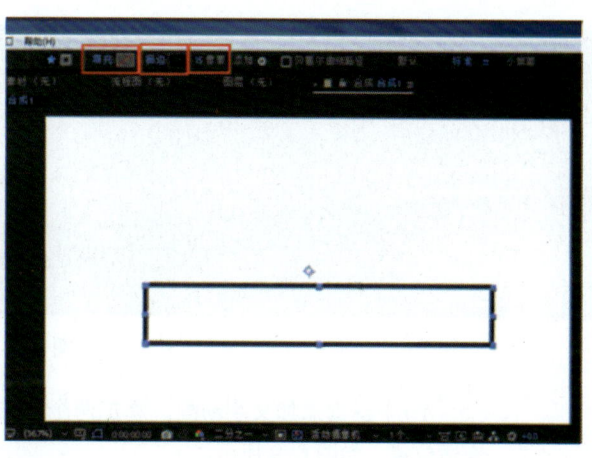　　　　　　　　　　　　　　　　　　图 6-4

（3）另外再新建一个"形状"图层，按住 shift 键用"钢笔"工具在矩形框内绘制一条直线，调整它的粗细，把像素值改为 146，如图 6-5 所示。

图 6-5

（4）展开"添加"后面的小三角，选择"修剪路径"，如图 6-6 所示。

（5）将"路径 1"即刚刚绘制的矩形框内的直线下方的"修剪路径 1"属性展开，为"结束"打上关键帧并修改参数为"0.0%"，如图 6-7 所示。

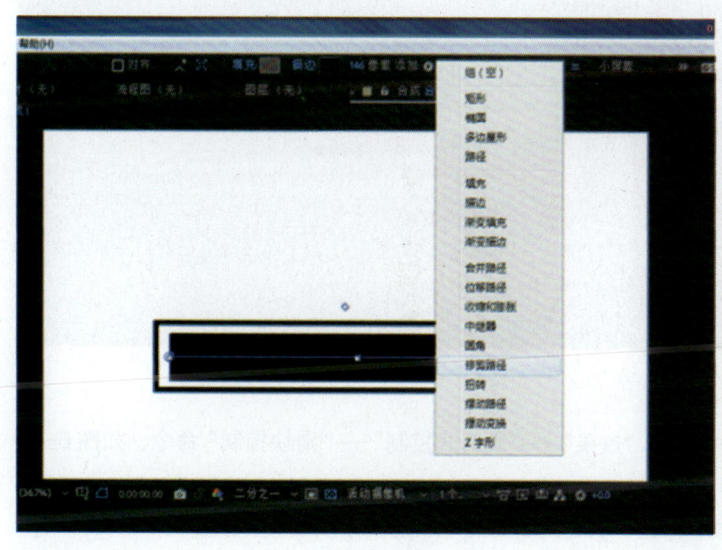

图 6-6 　　　　　　　　　　　　　　　　　　图 6-7

（6）将时间调整为 3 秒左右，把"结束"调整为"100.0%"，进度条内部动画就做好了，可以预览效果，如图 6-8 所示。

图 6-8

（7）继续添加文字动画，添加两个"文字"图层，一个写"%"，另一个写"0"，并移动到合适位置，如图 6-9 所示。

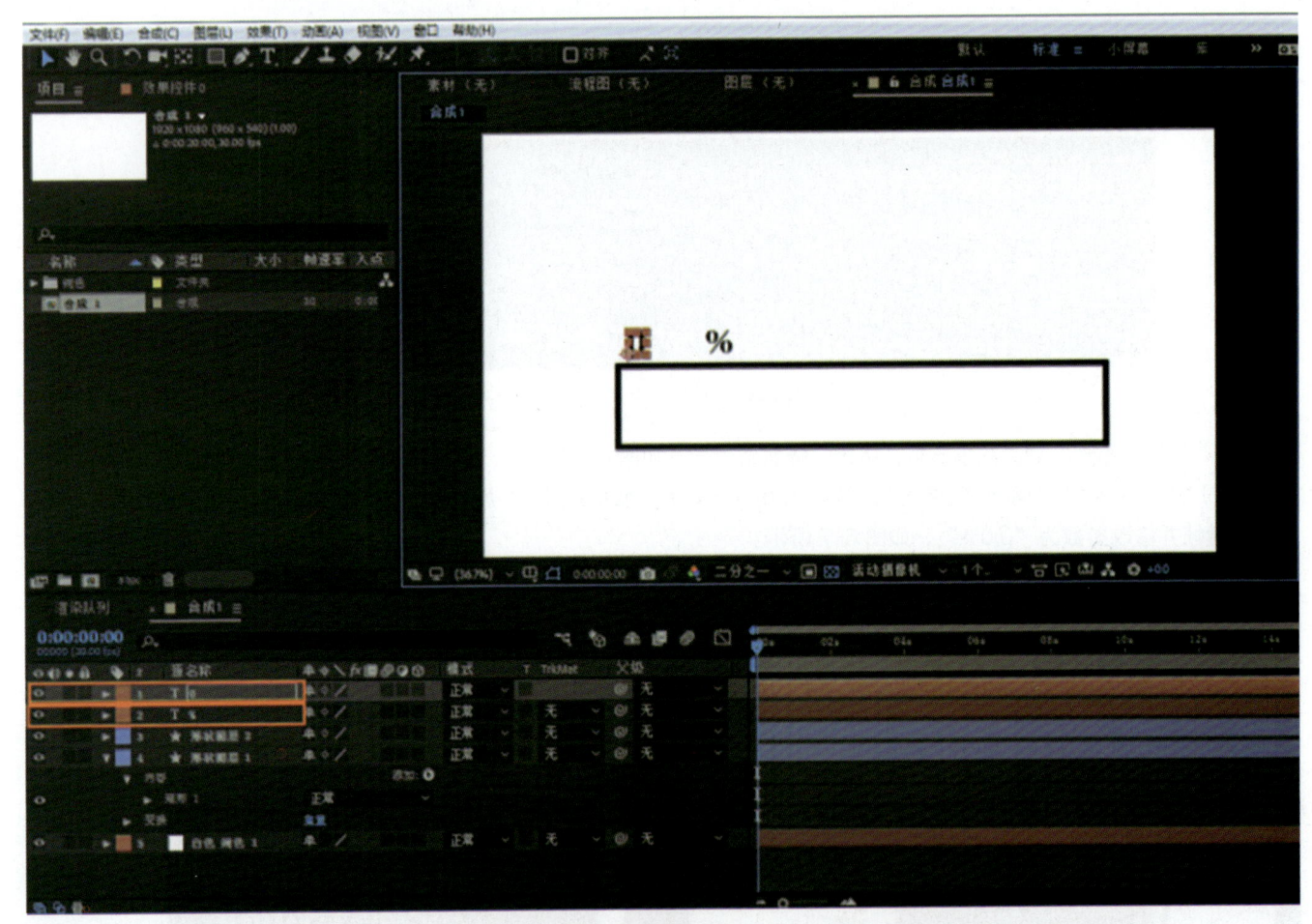

图 6-9

（8）在"文字"图层数字"0"上执行"效果"→"表达式控制"→"滑块控制"命令，如图 6-10 所示。

（9）展开"文本"→"源文本"，选中表达式后面的"表达式关联器"，按住鼠标左键拖动至上方的"滑块"上，如图 6-11 所示。

（10）在第 0 帧上打上一个关键帧，此时"滑块"为 0，在第 3 秒左右，即进度条框内动画结束时打上第 2 个关键帧，此时将"滑块"调整为"100.00"，如图 6-12 和图 6-13 所示。

第 6 章　表达式　077

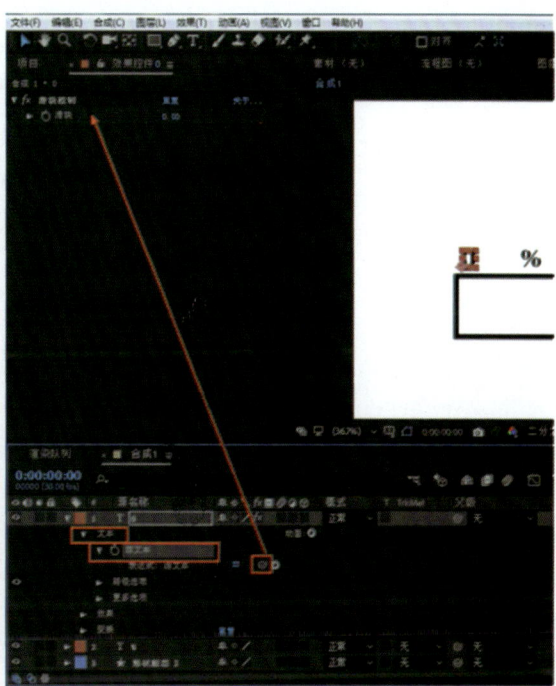

图 6-10

图 6-11

图 6-12

图 6-13

（11）播放动画，发现变化过程中有小数点，修改一下表达式"Math.round(effect("滑块控制")("滑块"))"。此时预览动画，完成进度条小动画的制作，如图 6-14 所示。

图 6-14

6.4　进阶案例：屏保动画

（1）新建一个 8 秒左右的合成，背景颜色为白色，宽度为"1 080 px"，高度为"1 920 px"，如图 6-15 所示。

图 6-15

（2）绘制一些大小不同的圆球，对每个圆球执行"效果"→"生成"→"梯度渐变"命令，修改起始颜色和结束颜色，并调整好渐变起点和渐变终点，如图 6-16 所示。

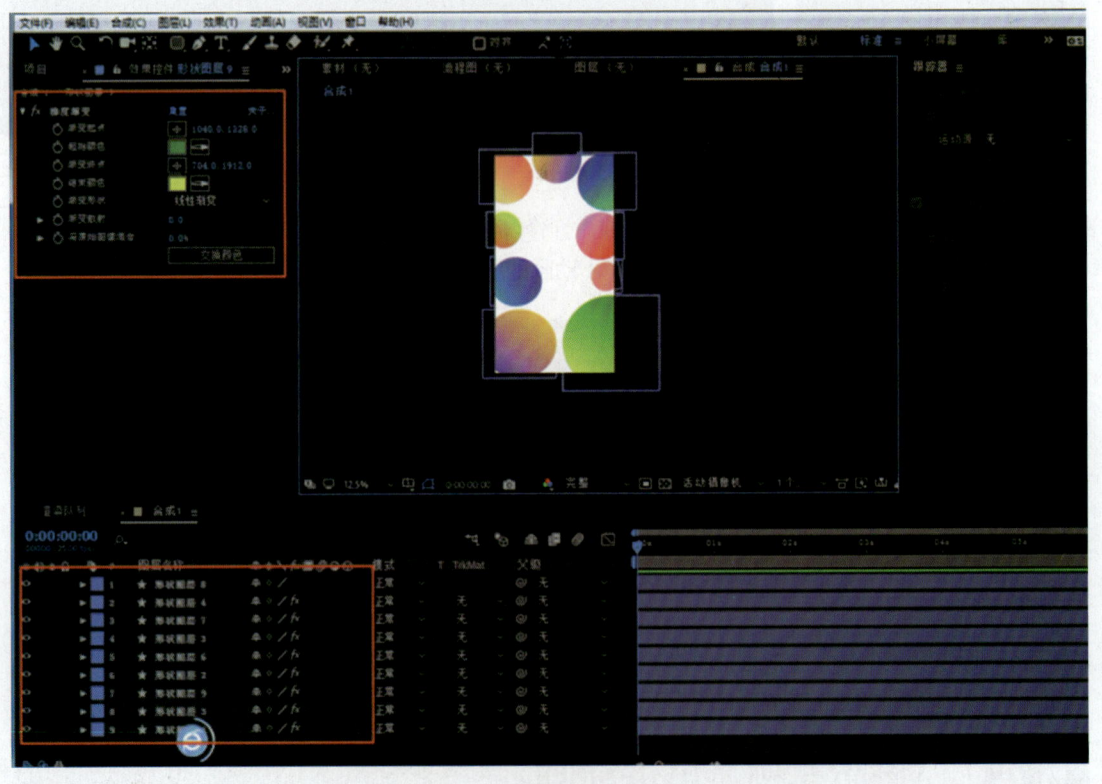

图 6-16

（3）选中所有小球，执行"效果"→"透视"→"投影"命令，为小球添加投影，如图 6-17 所示。

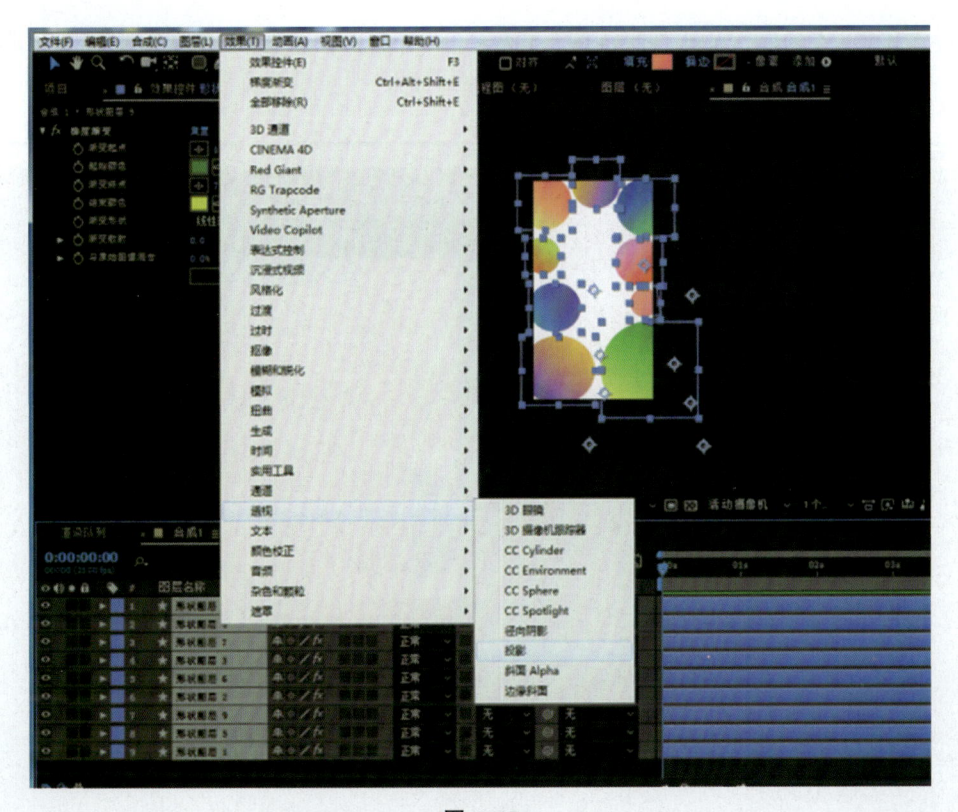

图 6-17

（4）修改每个小球的"投影颜色""不透明度""方向""距离""柔和度"的参数，如图 6-18 所示。

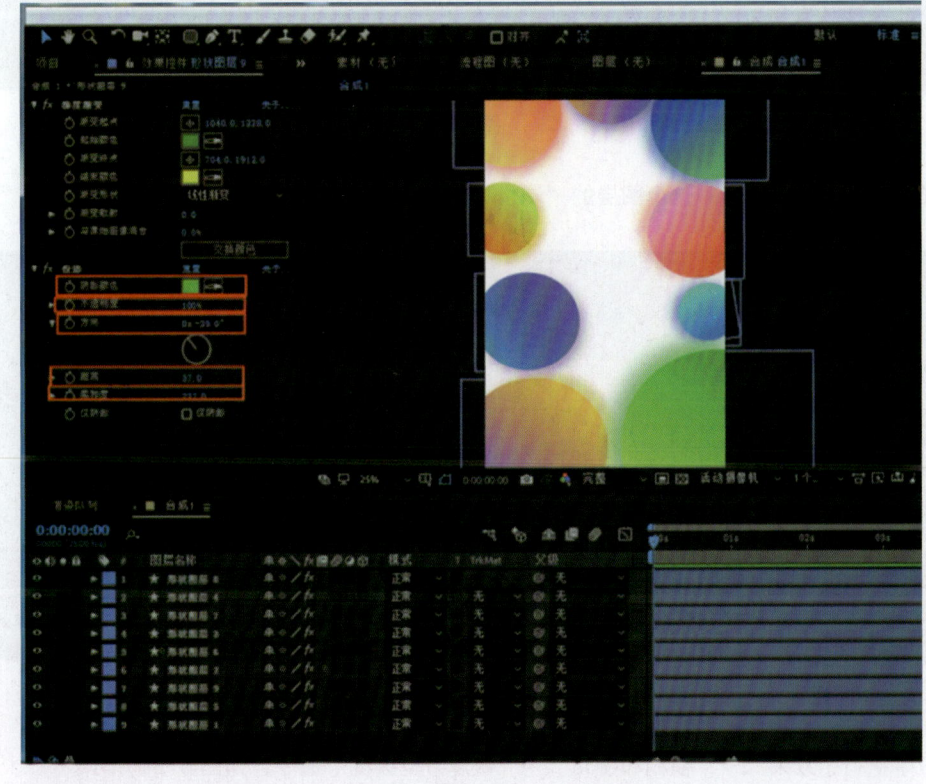

图 6-18

（5）新建一个图层，利用"圆角矩形"工具绘制一个矩形，调整它的圆度为"20"，如图6-19所示。

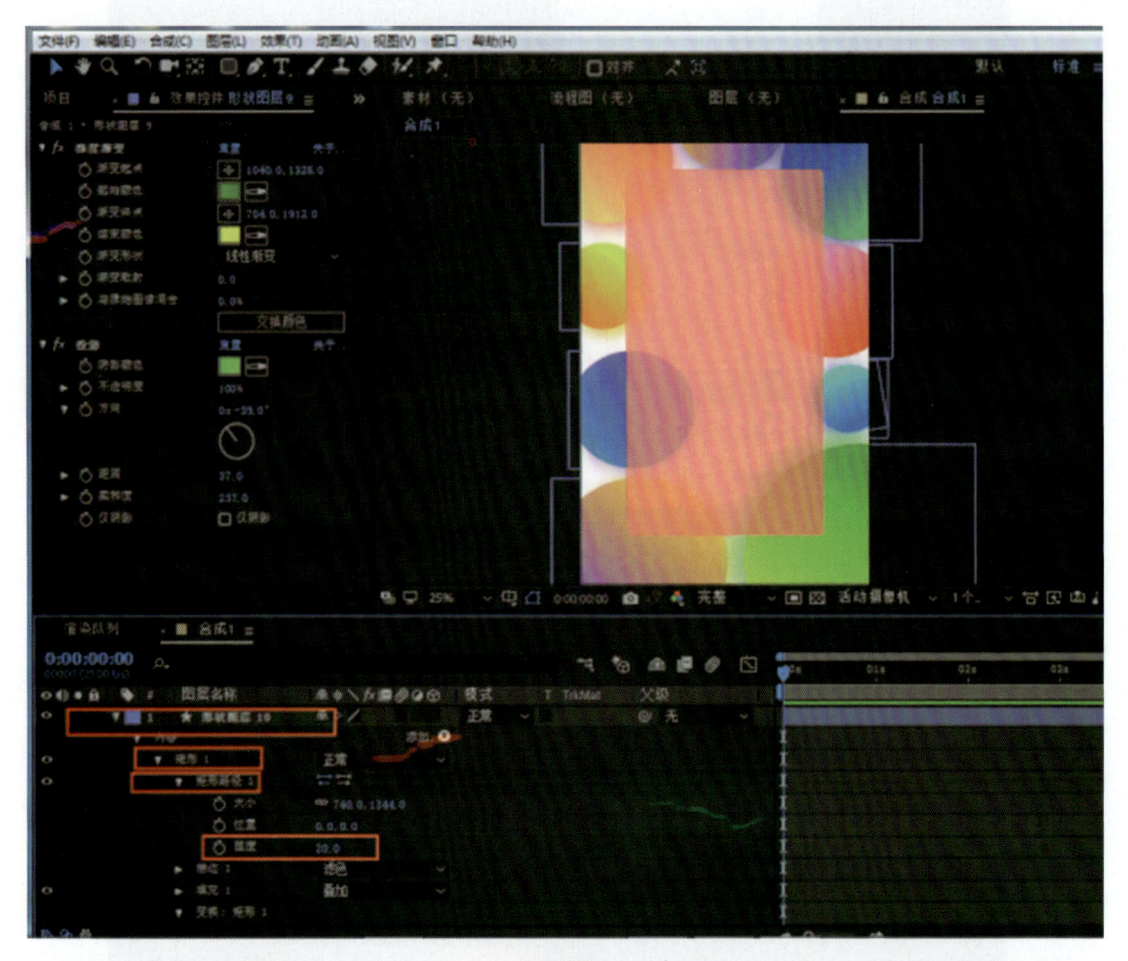

图 6-19

（6）打开"圆角矩形"这个图层的"调整"图层选项，如图6-20所示。

图 6-20

（7）执行"效果"→"模糊和锐化"→"快速方框模糊"命令，如图6-21所示。

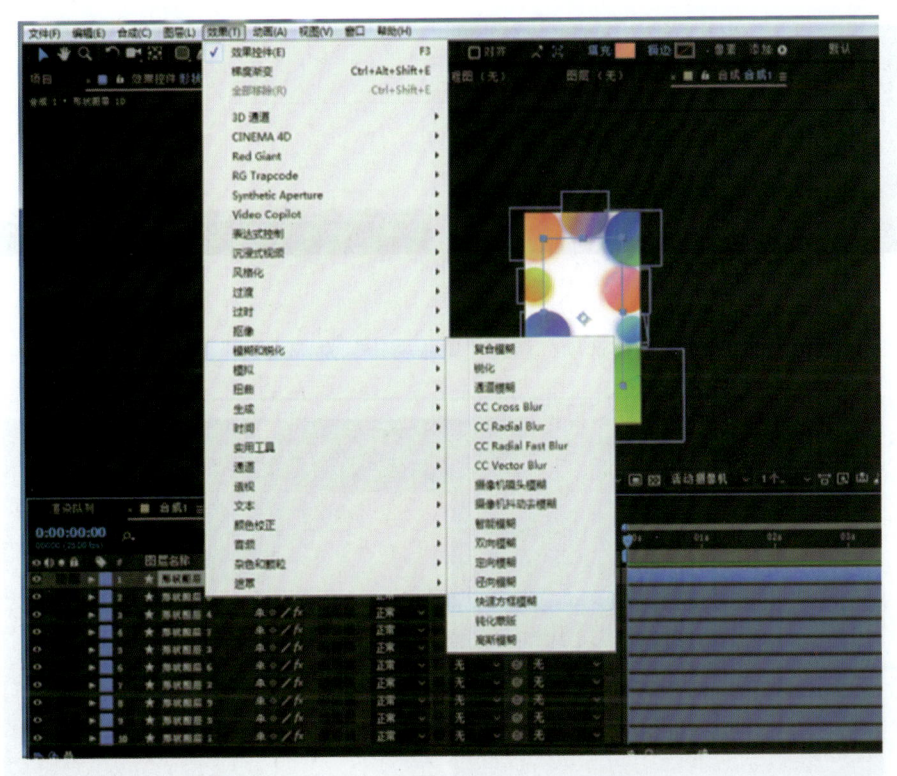

图 6-21

（8）调整模糊半径为"48.0"，迭代为"18"，如图 6-22 所示。

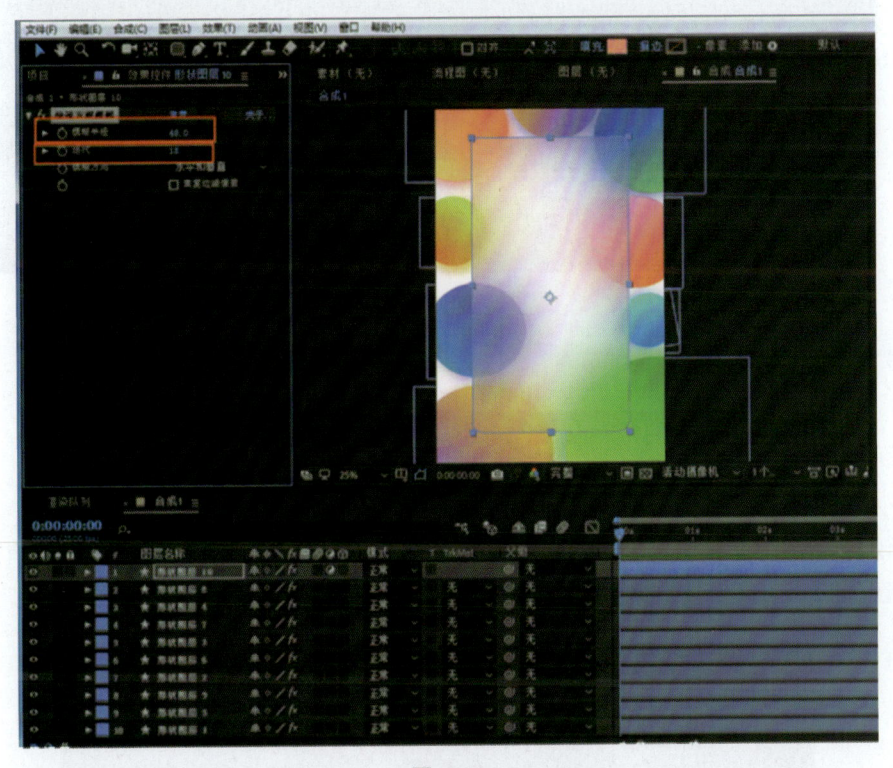

图 6-22

（9）打开"工具窗井蒙版"按钮为"矩形"图层中间绘制一个圆形蒙版，如图 6-23 和图 6-24 所示。

082　第 6 章　表达式

图 6-23　　　　　　　　　　　　　图 6-24

（10）勾选蒙版中的"翻转"选项，调整"蒙版羽化"为"235.0"，如图 6-25 所示。

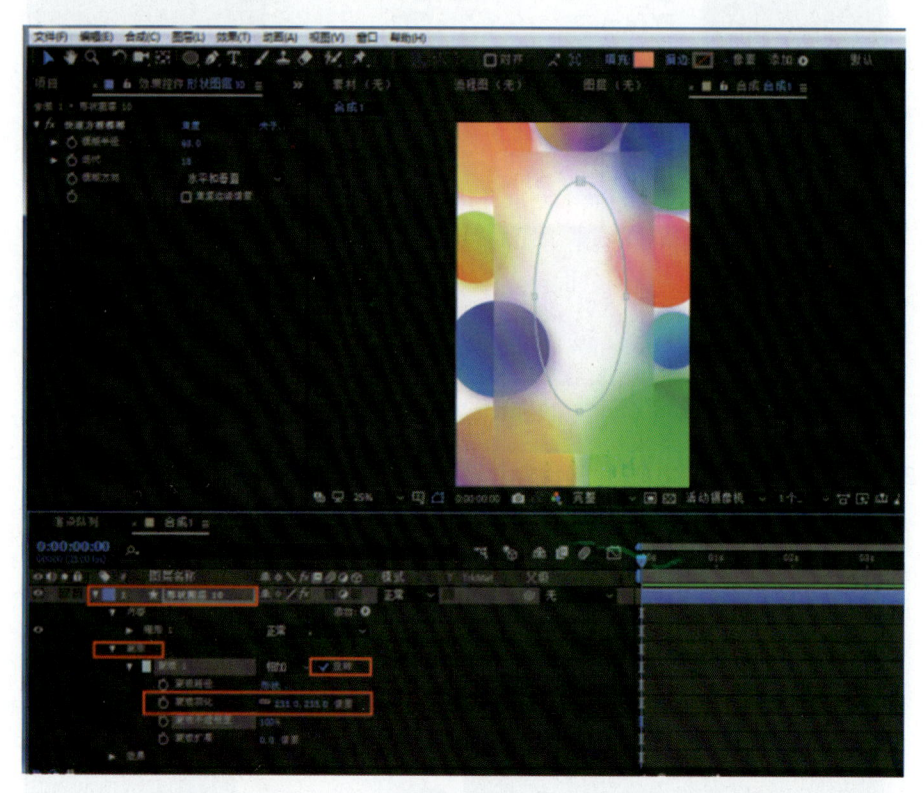

图 6-25

（11）将该图层名称更改为"玻璃"，以便区分它和小球，如图 6-26 所示。

图 6-26

（12）选中除"玻璃"图层以外的所有"形状"图层，即所有小球，按 P 键打开所有选中的图层的位置（操作小技巧：按 P 键可快速展开"位置"属性），如图 6-27 所示。

图 6-27

（13）按住 Alt 键单击"位置"属性前的码表，修改它的表达式为"wiggle（1，40）"，为这个图层增加自由晃动的动画，如图 6-28 所示。

图 6-28

（14）依照以上方法，将这个表达式复制到每个小球的图层上，为所有小球添加动画，如图 6-29 所示。

图 6-29

（15）新建一个"调整"图层，将"调整"图层的位置置于"玻璃"图层下，所有"形状"图层之上，即所有绘制的小球之上，暂时关闭"玻璃"图层的显示，如图 6-30 所示。

图 6-30

（16）添加一个"调整"图层，执行"效果"→"模糊和锐化"→"高斯模糊"命令，增加所有小球的模糊度，调整为"79"，如图 6-31 所示。

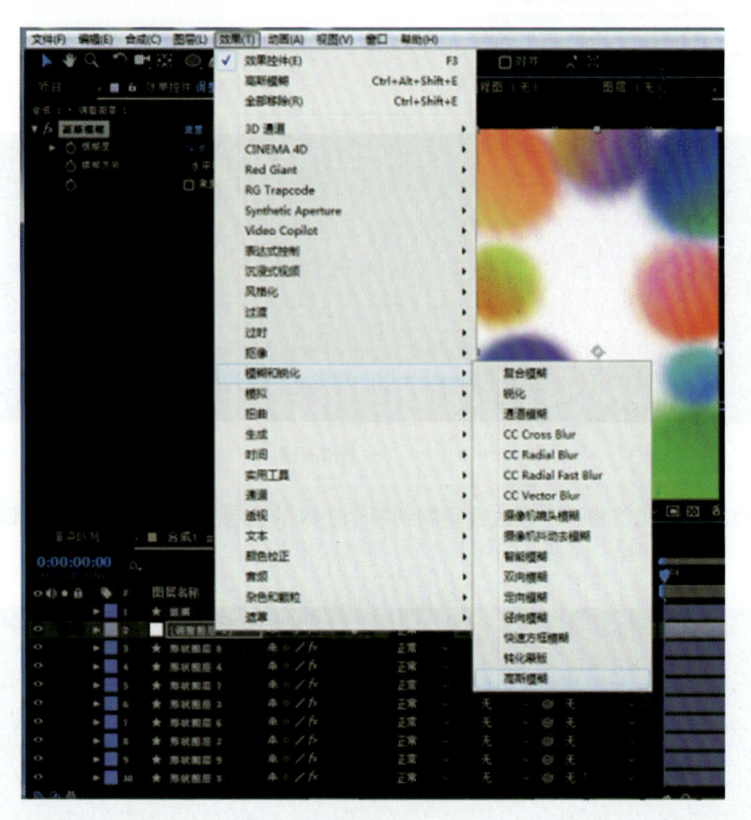

图 6-31

（17）执行"效果"→"遮罩"→"简单阻塞"命令，将"阻塞遮罩"调整为"24.0"。此时所有小球变小，当小球接触时产生相容效果，如图 6-32 所示。

图 6-32

（18）打开"玻璃"图层的显示按钮，在"玻璃"图层上面新建一个"文字"图层，书写时间，如图 6-33 所示。

（19）为"时间"图层添加一个投影效果，调整投影的"距离"和"柔和度"参数，如图 6-34 所示。

（20）再添加一个"文字"图层，书写日期和时间，如图 6-35 所示。

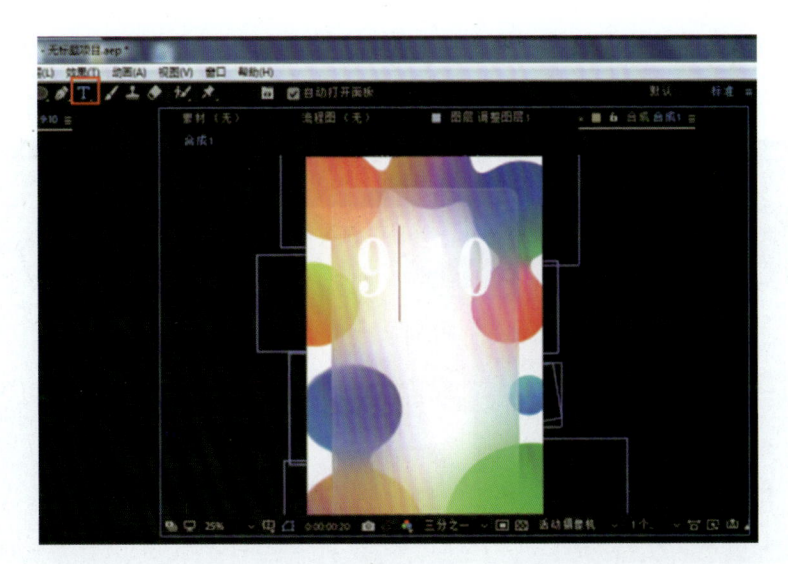

图 6-33

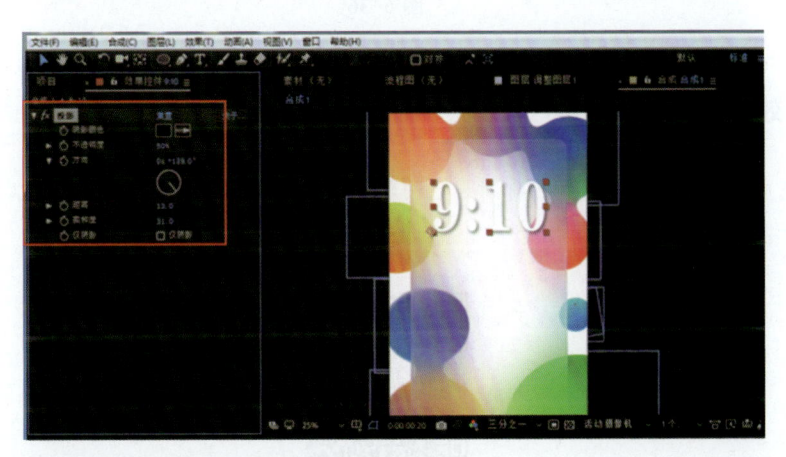

图 6-34

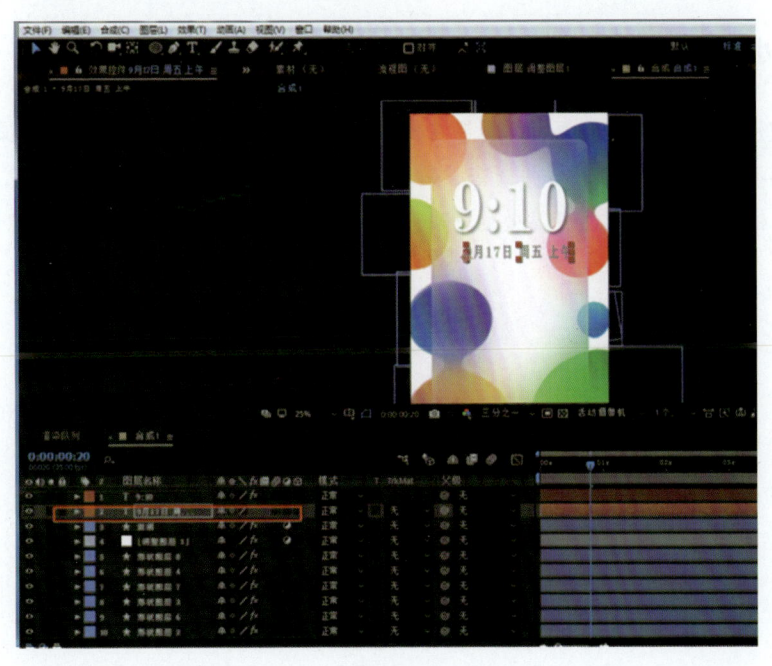

图 6-35

(21)同样添加日期和时间这一层的投影效果及文字颜色,完成整个屏保动画,如图6-36所示。

图 6-36

◉ 学习效果评估

完成本章内容的学习后,你对自己的学习情况是怎样评价的,请扫码完成下面的学习效果评估表。

◉ 职场小知识

使用 AE 软件制作动画时,需要在元素中去创建关系,在 AE 软件中创建的元素之间的关系主要有五种:关键帧、合并嵌套、父子链接、动力学脚本、表达式。其中,利用表达式建立动态链接是一种非常方便高效的方法,表达式会保持永久链接关系,其功能最强大。

CHAPTER SEVEN

第 7 章　遮　　罩

本章导读

遮罩技术是影视后期中最为常见的一种技术，使用遮罩，可以创建出很多效果的动画和画面，这些效果是拍摄无法达到的，因此遮罩技术是影视后期十分重要的技术之一。熟练掌握遮罩技术是学习 AE 的一个重要环节。

学习目标

1．知识目标

掌握遮罩、蒙版的使用方法，掌握遮罩图层的建立和遮罩效果的实现方法。

2．能力目标

能够使用遮罩和蒙版，并能利用所学知识熟练地制作出相应的效果。

3．素养目标

培养学生自主学习、相互协作及分析问题的能力，让学生在实践中体验成功的喜悦。

7.1　遮罩

遮罩相当于添加一个图层，使得这个图层和原图层叠加产生透明或半透明效果。在遮罩的使用中，白色定义不透明区域，而黑色则定义透明区域，也就是说，通过调整遮罩的颜色可以定义原图层的哪个部分透明，哪个部分不透明。遮罩的种类有很多，最常见的是蒙版遮罩和轨道遮罩。下面以轨道遮罩为例，介绍它的使用方法。

具体操作如下：

（1）原图为非纯色背景的图片，如图 7-1 所示。

（2）为这张图片绘制遮罩，使其背景换成白色，需要先添加一个"形状图层"，如图 7-2 所示。

（3）在"形状图层"上用钢笔绘制保留部分的外形，如图 7-3 所示。

088 第 7 章 遮　　罩

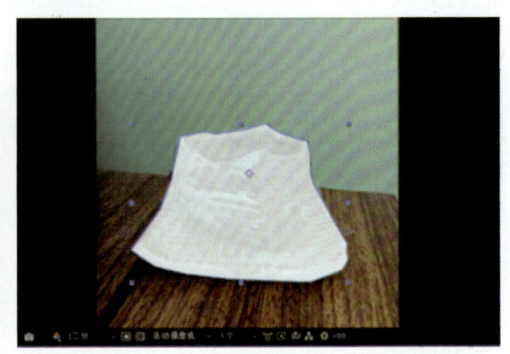

图 7-1

图 7-2

图 7-3

（4）在"TrkMat""轨道遮罩"下方选择遮罩的类型，此处选择"亮度遮罩"，如图 7-4 所示。

（5）此时发现背景已经被覆盖掉了，如图 7-5 所示。

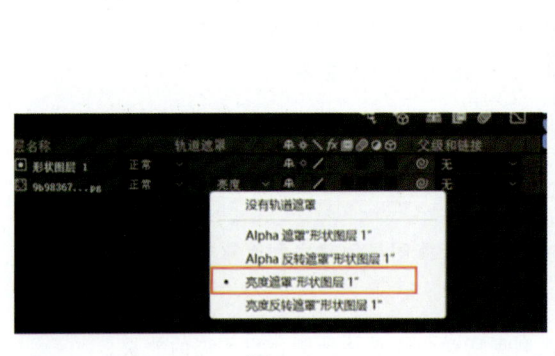

图 7-4

图 7-5

7.2　蒙版

蒙版是指在图层上将需要透出的部分绘制成一个闭合路径，这个闭合路径就叫作蒙版，它是一种十分便捷的遮罩方式，对于需要定义黑白来完成的遮罩方式来讲，这种蒙版操作更为便捷。

创建蒙版的方式如下：

（1）选择需要剪裁的图层，如图 7-6 所示。

图 7-6

（2）用"钢笔"工具绘制路径，如图 7-7 和图 7-8 所示。

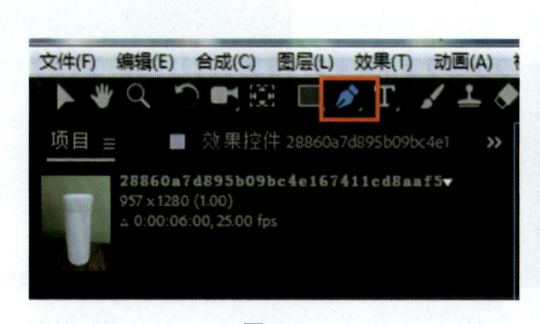

图 7-7　　　　　　　　　图 7-8

（3）为图层设置新的背景图片，如图 7-9 和图 7-10 所示。

图 7-9　　　　　　　　　图 7-10

（4）如果对蒙版进行编辑还能够产生 9 种不同的效果，例如，将蒙版翻转，可以删除图像留下背景，如图 7-11 和图 7-12 所示。

图 7-11　　　　　　　　　图 7-12

（5）如果觉得蒙版边缘太硬，还可以调整羽化蒙版，如图 7-13 和图 7-14 所示。

图 7-13　　　　　　　　　图 7-14

（6）还可以调整蒙版整体的"蒙版不透明度""蒙版路径""蒙版羽化""蒙版扩展"等，如图 7-15 ～图 7-18 所示。

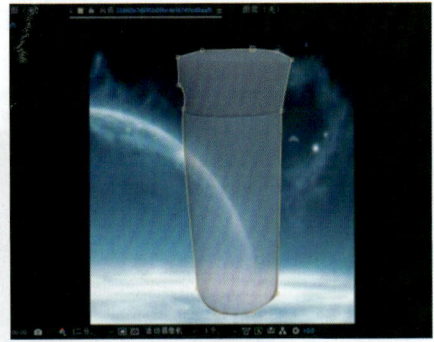

图 7-15　　　　　　　　　　　　　　　图 7-16

图 7-17

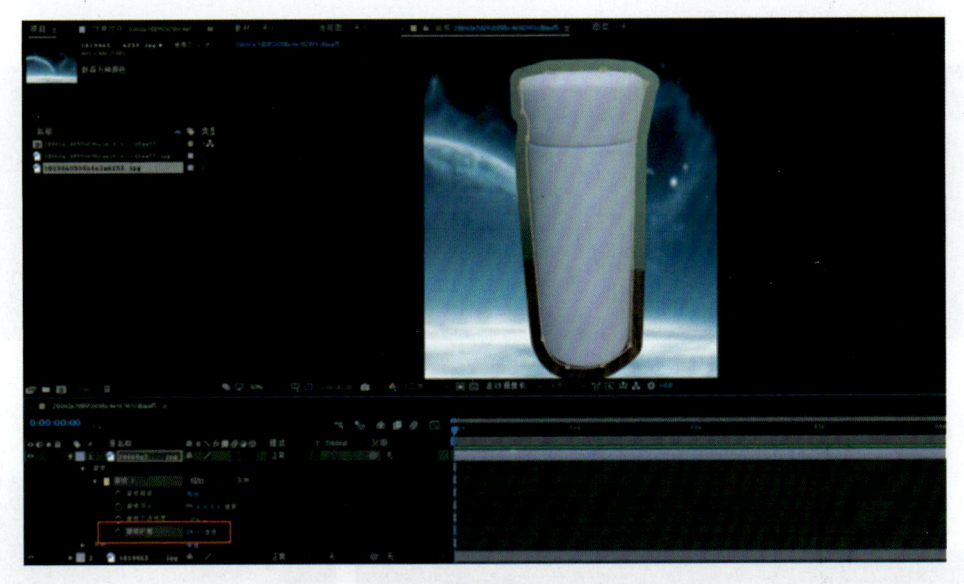

图 7-18

7.3　基础案例：旅游宣传片

通过本案例将运用之前所学习的遮罩知识，来实际制作一个旅游宣传片的合成，以巩固之前学到的遮罩知识。

（1）新建一个合成，将素材拖入项目列表中，然后把界面主图拖到"时间轴"面板中，调整主图大小适应合成，如图 7-19 所示。

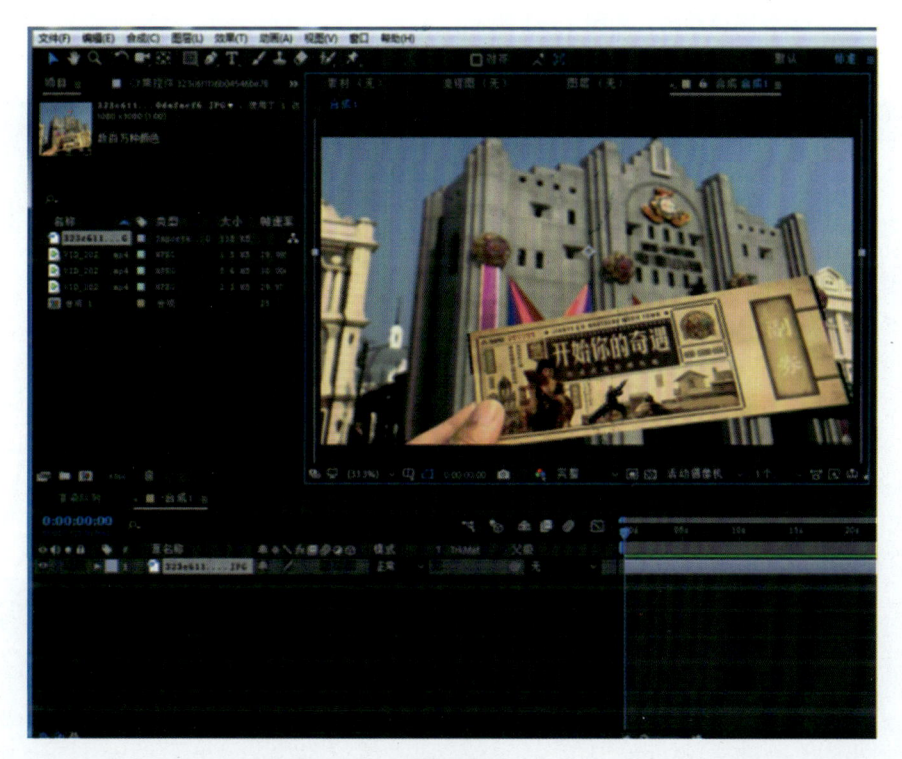

图 7-19

（2）新建一个"形状"图层，调整描边颜色为白色，描边粗细为"122 像素"，利用"钢笔"工具绘制一条直线，如图 7-20 所示。

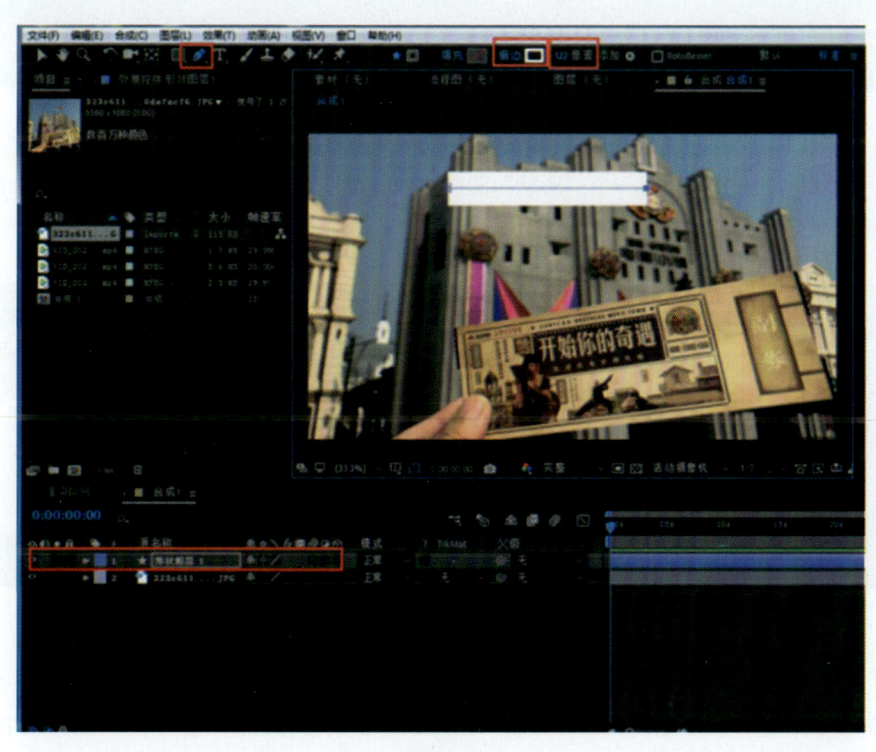

图 7-20

（3）新建一个"文字"图层，书写文字"电影小镇"，回到"形状"图层，为"形状"图层添加"修剪路径"，在第 0 帧时，调整结束为"0"，开始为"0"，在第 17 帧时，调整结束为"0"，开始为"100"，制作路径动画，如图 7-21 所示。

图 7-21

（4）按 Ctrl+D 组合键复制一个"形状"图层，调整至顶端，为"文字"图层添加 Alpha 遮罩。此时"文字"图层和"形状"图层一起运动，如图 7-22 所示。

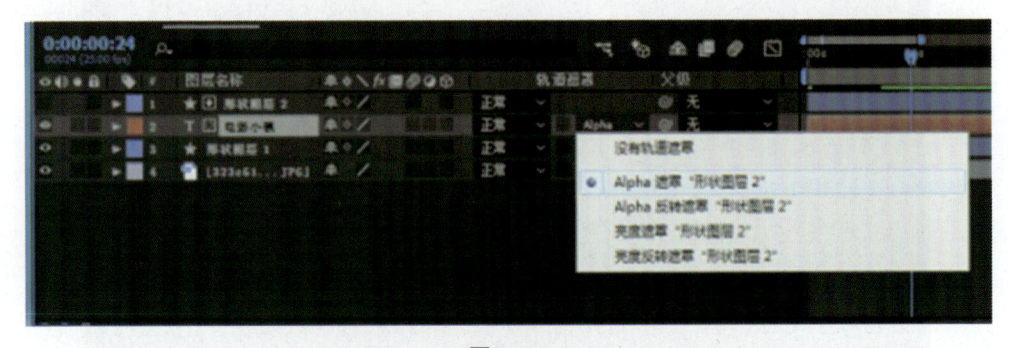

图 7-22

（5）选中两个"形状"图层和一个"文字"图层，按 Ctrl+D 组合键复制一组一样的，将位置下移至屏幕中间，选中新复制的两个"形状"图层，单击鼠标右键，在弹出的快捷菜单中执行"变换"→"水平翻转"命令，这个路径和第一组文字正好相反，如图 7-23 所示。

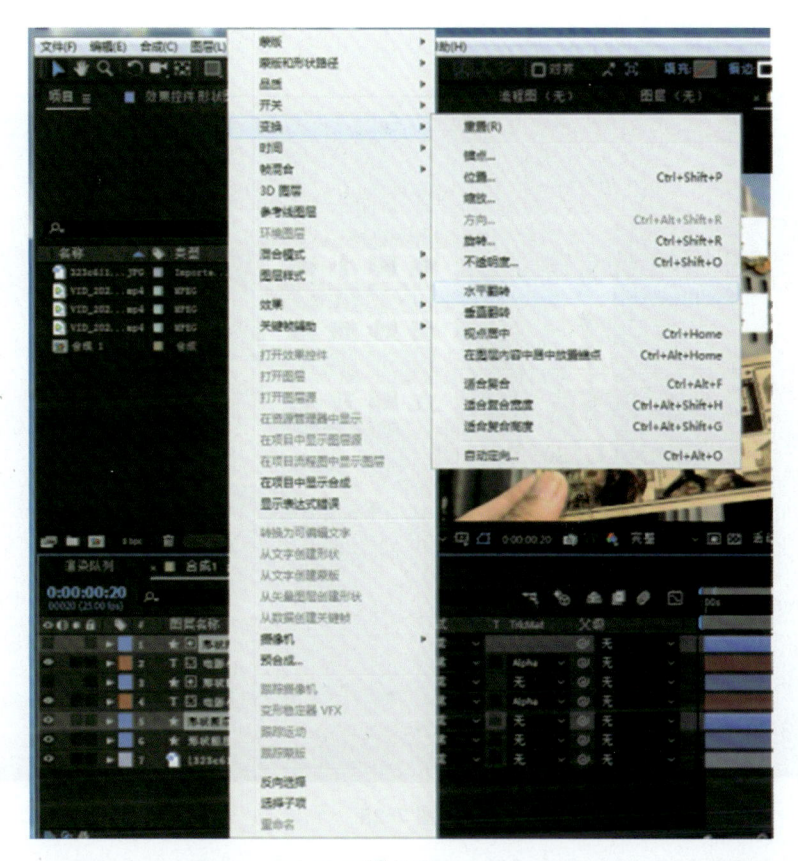

图 7-23

（6）接着按 Ctrl+D 组合键再复制第一组文字，位置继续下移，如图 7-24 所示。

图 7-24

(7)修改文字内容,如图 7-25 所示。

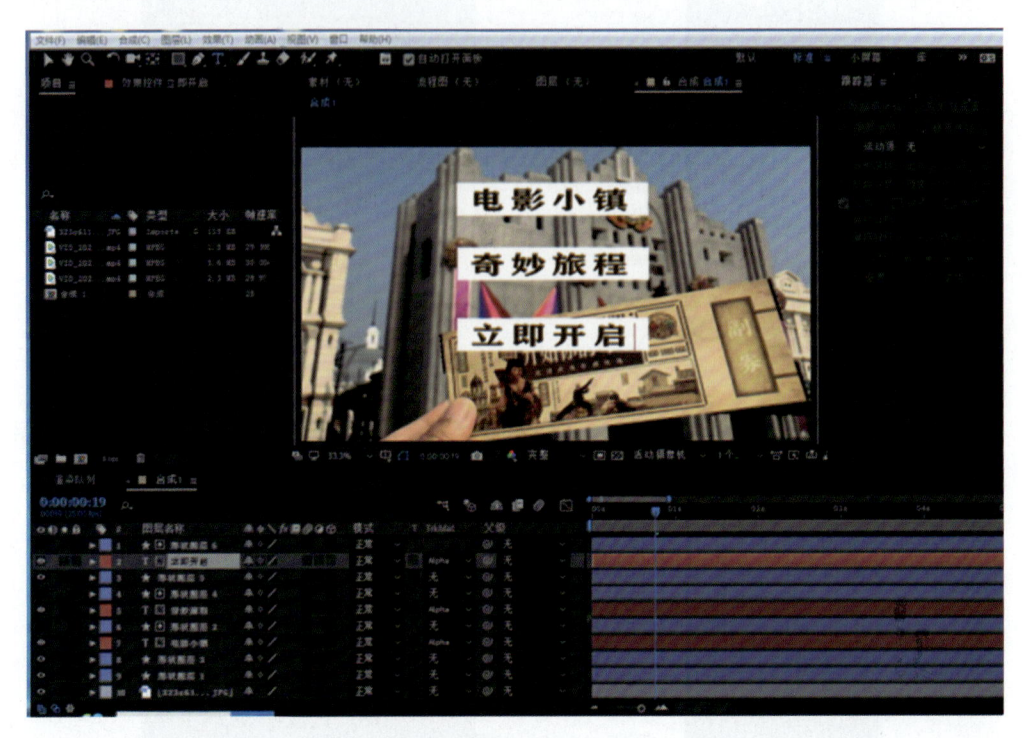

图 7-25

(8)将左右图层合成一个"预合成",命名为"主界面",如图 7-26 所示。

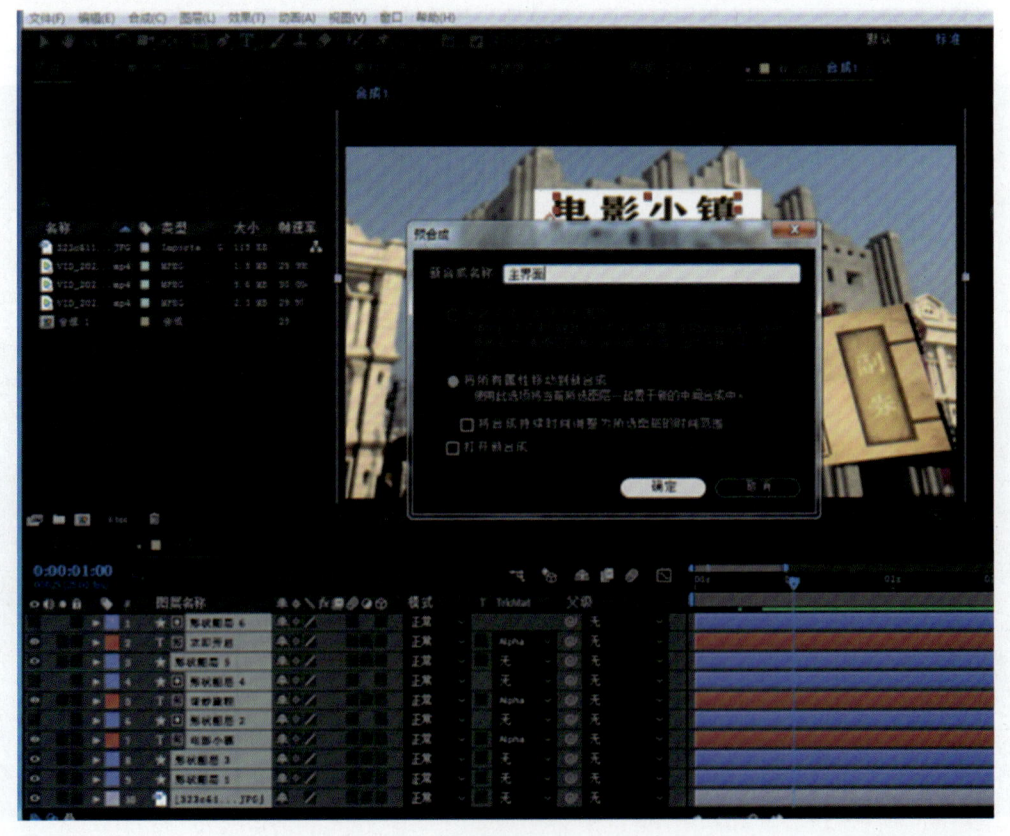

图 7-26

(9)将第一段视频拖入"时间轴",再新建一个"文字"图层,输入文字"民国风情街区",为"文字"图层添加"字符间距"动画,如图 7-27 所示。

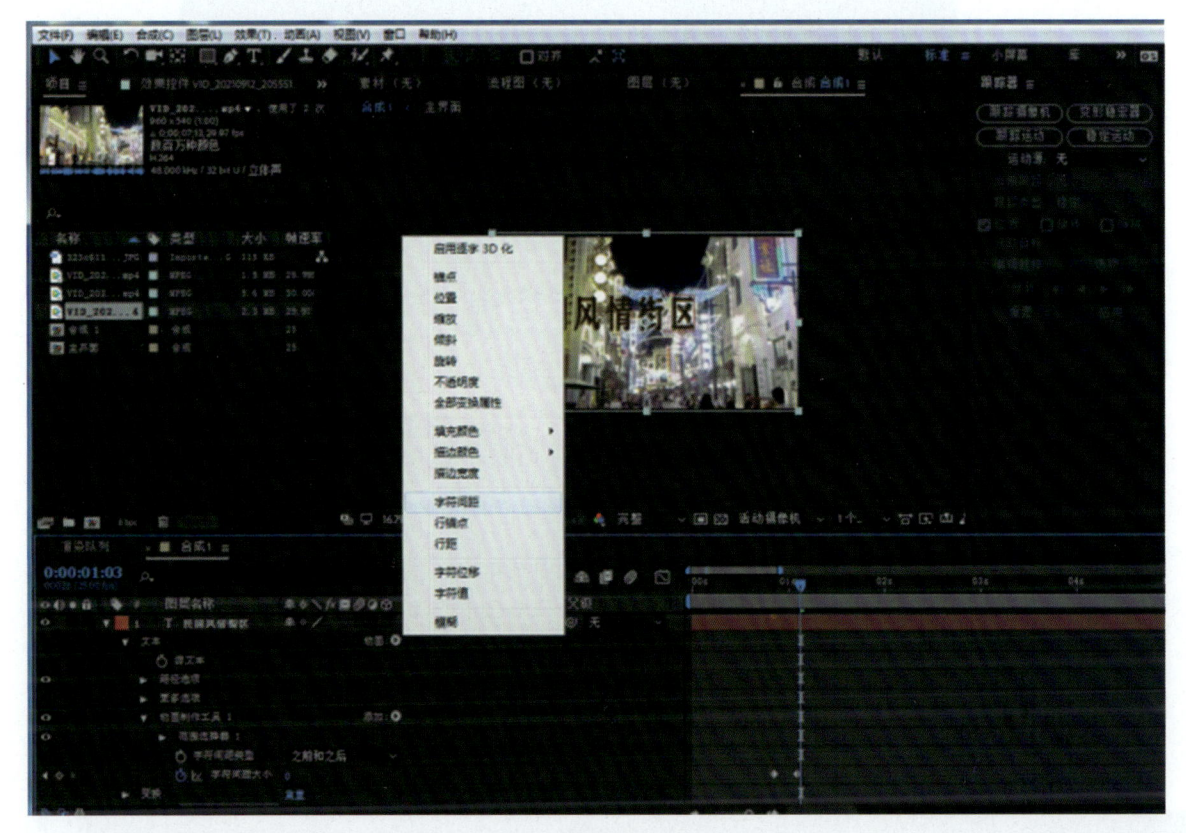

图 7-27

(10)调整素材的时间关系,再复制一遍第一段素材视频,如图 7-28 所示。

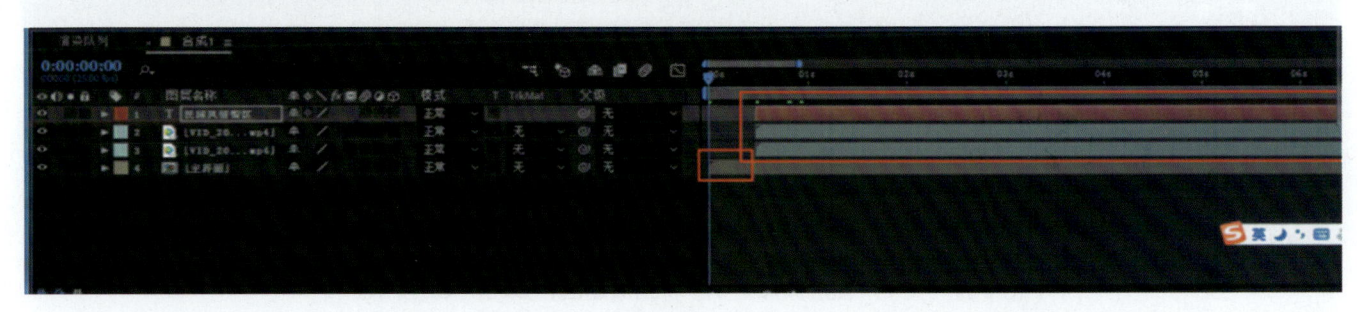

图 7-28

(11)为第一段视频添加文字遮罩,如图 7-29 和图 7-30 所示。

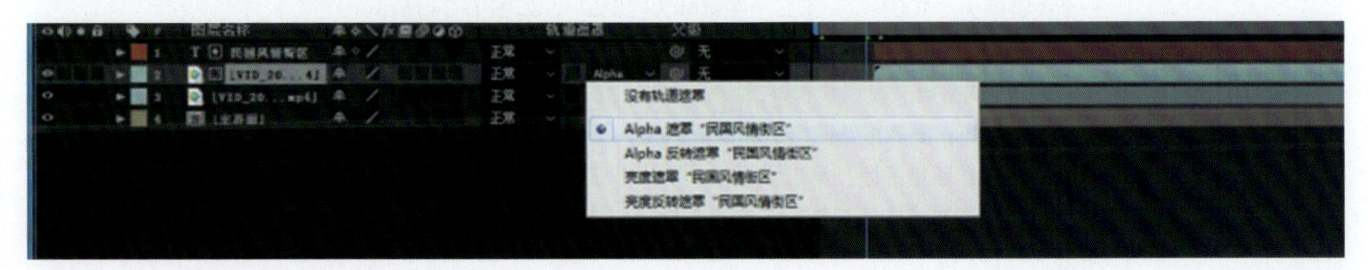

图 7-29

096 第 7 章 遮　　罩

图 7-30

（12）根据播放需求调整各段视频长短及时间位置，再新建一个纯色层，颜色为白色，如图 7-31 所示。

图 7-31

（13）为"文字"图层添加一个字符缩放动画，如图 7-32 所示。
（14）将除主界面以外的素材合成至一个"预合成"中，命名为"第一段"，如图 7-33 所示。
（15）拖入第二段视频素材，将第一段与第二段视频素材衔接的位置打上不透明度关键帧，第一个关键帧为"100%"，第二个关键帧为"0%"，如图 7-34 所示。
（16）参照第一段制作方法，制作第二段视频，如图 7-35 所示。
（17）调整第一段视频和第二段视频的位置，把第二段视频的素材做一个合成，命名为"第二段"（操作小技巧：要养成给图层命名的好习惯，可方便后期修改），如图 7-36 所示。
（18）参照第一段、第二段视频，制作第三段视频，并把视频声音取消，如图 7-37 所示。
（19）调整第三段视频，可以配上合适的背景音乐至视频中，完成整个视频的制作，如图 7-38 所示。

第 7 章 遮　　罩　097

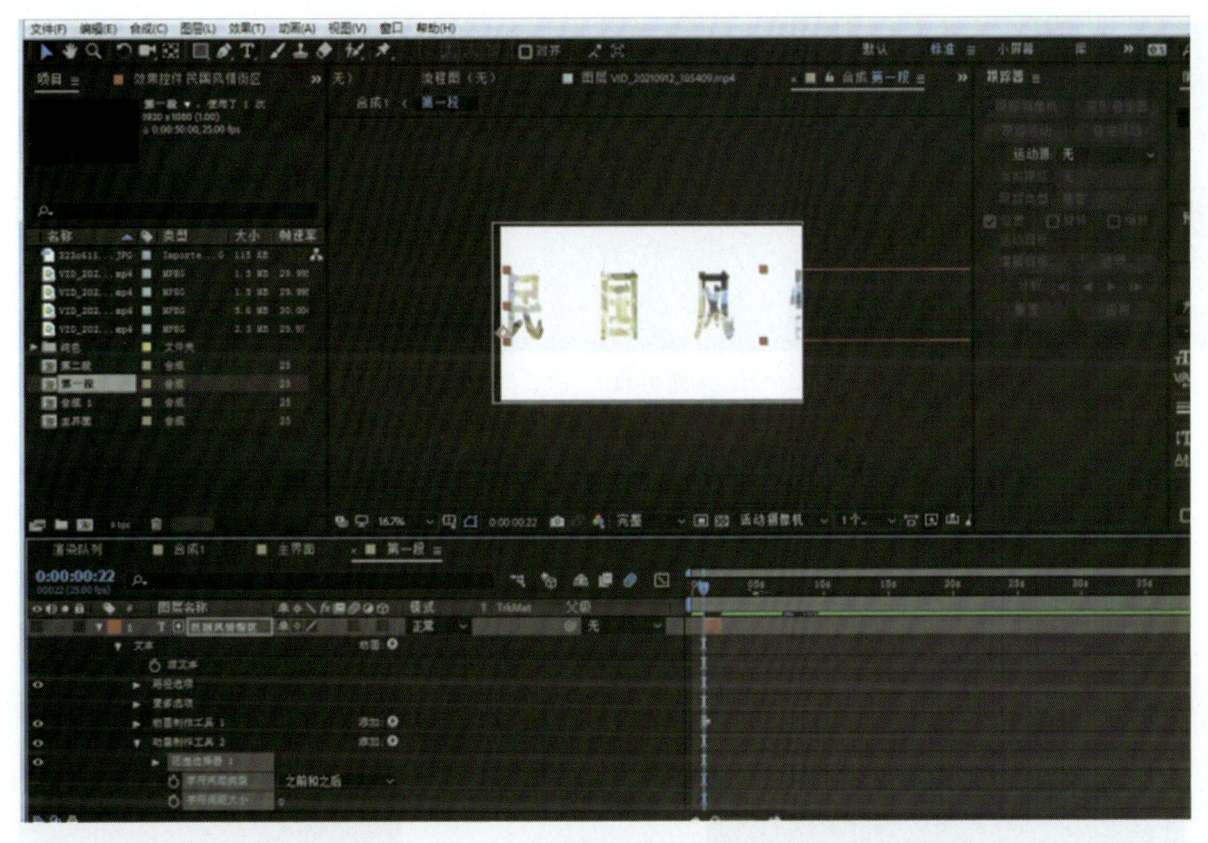

图 7-32

图 7-33

098 第 7 章 遮 罩

图 7-34

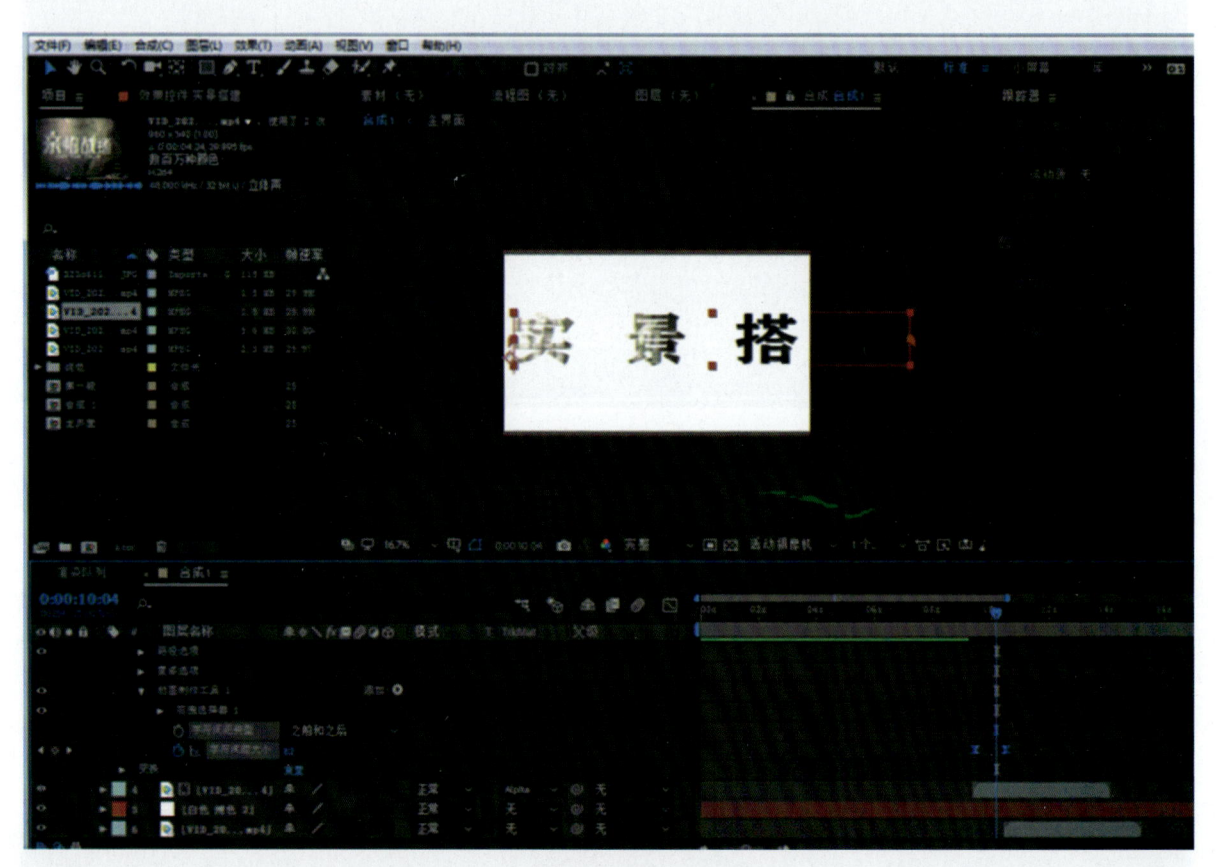

图 7-35

图 7-36

图 7-37

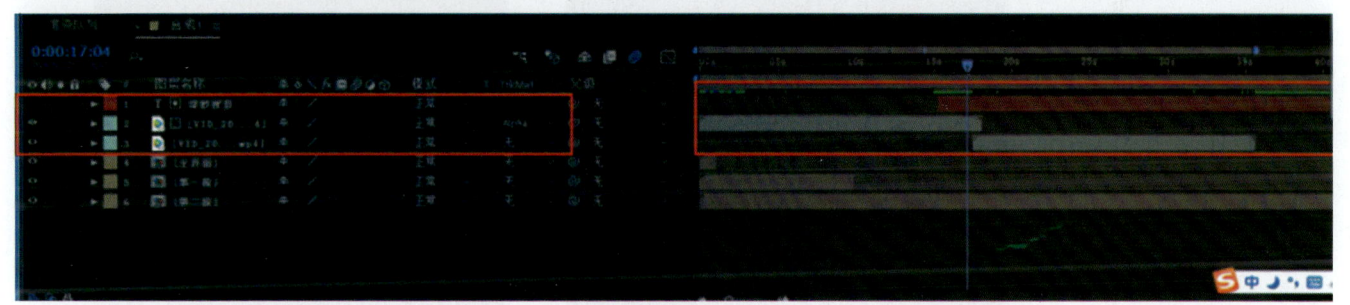

图 7-38

7.4 进阶案例：手写字效果

在这个案例中将用到轨道遮罩来制作一个手写字效果，具体操作如下：

（1）将视频素材拖入项目列表中打开，如图 7-39 所示。

（2）将视频素材拖到"新建合成"按钮上，新建一个合成，如图 7-40 所示。

（3）单击"文字"按钮，书写片头文字，如图 7-41 和图 7-42 所示。

（4）在右侧"字符"面板上，修改文字字体为手写体，如图 7-43 所示。

（5）使用"钢笔"工具，沿字符书写路径（操作小技巧：注意此时应在文字图层上进行操作，另外描边的过程不要产生重叠的点，如果操作错误，可以按 Ctrl+Z 组合键撤销上一步的操作），如图 7-44 ～ 图 7-46 所示。

（6）执行"效果"→"生成"→"描边"命令，为文字添加蒙版，如图 7-47 所示。

（7）为了与原始文字颜色区分，更改描边颜色，调整描边大小直至盖住之前的文字，如图 7-48 所示。

（8）为了让原文字显示。调整"绘画样式"后面的选项，将其改为"显示原始图像"，如图 7-49 所示。

100　第 7 章　遮　　罩

图 7-39

图 7-40

图 7-41

图 7-42

图 7-43

第 7 章 遮 罩 101

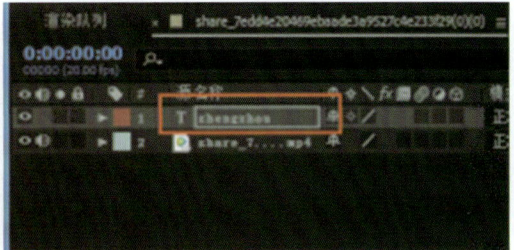

图 7-44

图 7-45

图 7-46

图 7-47

102 第 7 章 遮 罩

图 7-48

（9）在第 12 帧左右，在"起始"前打上关键帧，将其调整为 0%，同时将"结束"也调整成 0%。此时文字全部隐藏，如图 7-50 所示。

图 7-49　　　　　　　　　　　　　　　　　　图 7-50

（10）在第 5 秒 9 帧左右，调整"起始"为 100%，这样文字就会有逐渐显现的效果了。可以按小键盘的"0"键进行播放，观察出现效果，如图7-51所示。

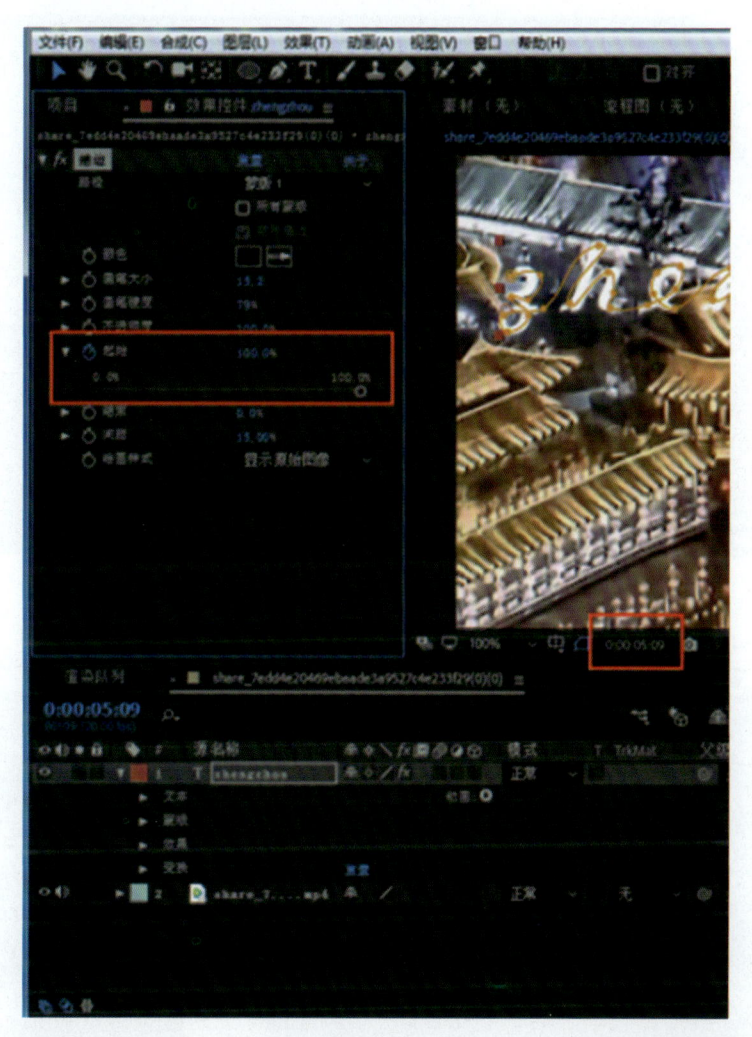

图 7-51

（11）运行过程中显示蒙版路径。可以将"切换蒙版和路径可见性"按钮点开，如图7-52所示。

（12）此时可以进行播放，合成预览区没有显示路径，如图7-53所示。

（13）为了让片头文字在书写完之后不再显示，找到书写完成的关键帧位置后，添加一个不透明的变化，如图7-54所示。

（14）在5秒9帧时"不透明度"保持100%，并打上关键帧，如图7-55所示。

（15）在5秒14帧时将"不透明度"调整为0%，再打上第二个关键帧，如图7-56所示。

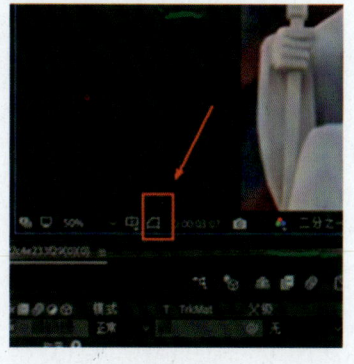

图 7-52

（16）为了让消失更自然些，选中两个关键帧，单击鼠标右键执行"关键帧辅助"→"缓动"命令，也可以按F9键完成，如图7-57所示。

此时就得到了一个手写文字出现的片头，如图7-58所示。

104 第 7 章 遮 罩

图 7-53

图 7-54

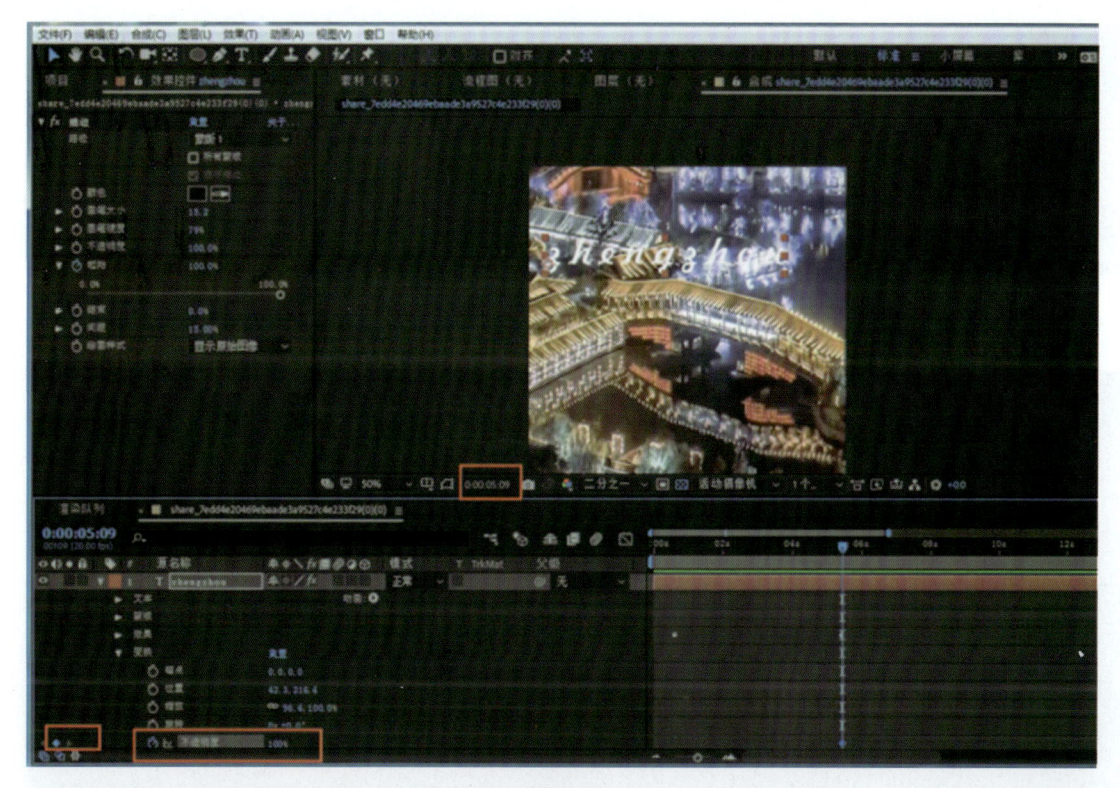

图 7-55

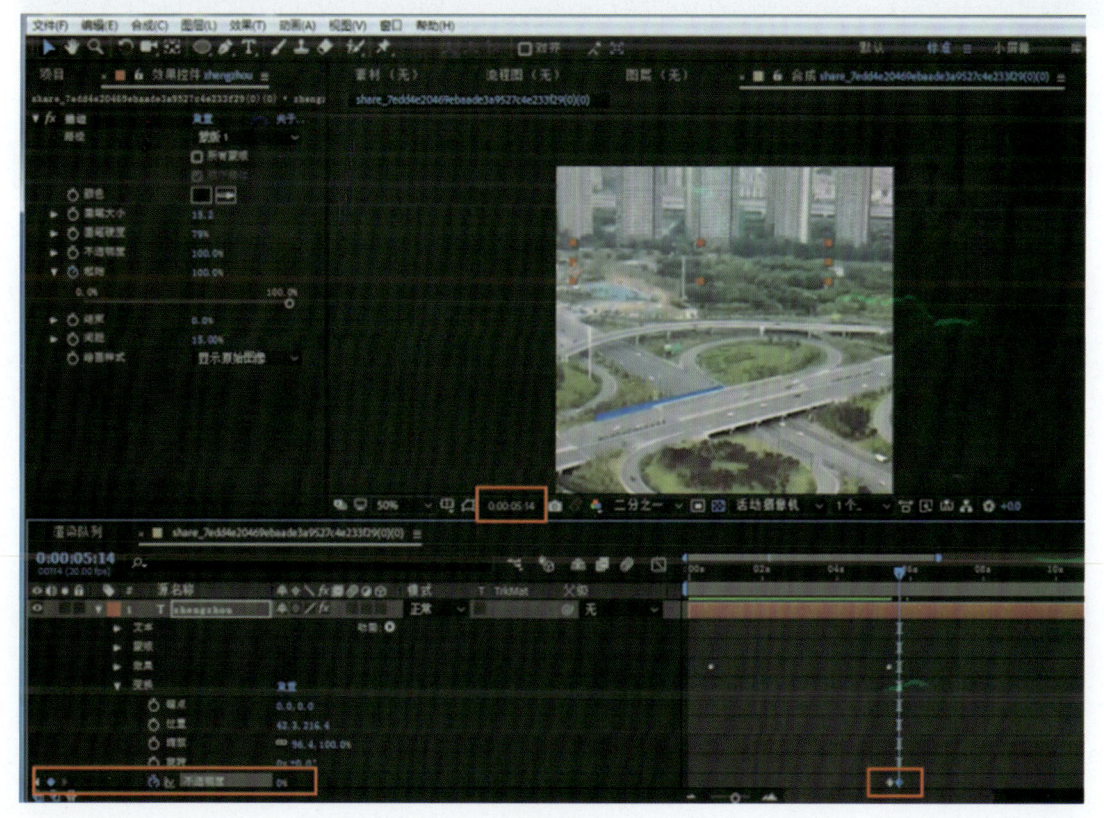

图 7-56

106　第 7 章　遮　罩

图 7-57

图 7-58

🎯 学习效果评估

完成本章内容的学习后，你对自己的学习情况是怎样评价的，请扫码完成下面的学习效果评估表。

🎯 职场小知识

遮罩技术在影视后期制作中有较为广泛的应用，不仅是在 AE 软件中，而且在 Premiere、会声会影等后期处理软件中，遮罩技术都可以帮助我们制作出绚丽的视频效果。

CHAPTER EIGHT

第 8 章　稳定与跟踪

本章导读

稳定与跟踪是影视后期制作中非常常用的技术，稳定技术能够使因各种原因造成的前期拍摄画面中出现抖动的视频经过处理后的效果更稳定，从而提升画面质量。跟踪技术经常被用于影视后期制作，用来贴合动作产生的效果，使动作与效果保持同步，是影视后期中非常重要的一项技术。

学习目标

1. 知识目标

熟练掌握稳定与跟踪的操作方法，根据素材情况分析出应使用哪种稳定或跟踪效果，并能熟练地使用跟踪达到想要的效果。

2. 能力目标

能够通过小组分工协作的方式进行视频拍摄和影视后期制作。

3. 素养目标

培养学生精益求精的工作态度、创新的工作方法、欣赏美和鉴赏美的能力、思维能力和动手操作能力。

8.1　变形稳定器消除抖动

变形稳定器消除抖动的操作方法如下：

在菜单栏中执行"窗口"→"跟踪器"→"变形稳定器"命令，将"变形稳定器"应用于原视频中，如图8-1～图8-3所示。

108　第 8 章　稳定与跟踪

图 8-1 　　　　　　　　　　　图 8-2 　　　　　　　　　　　图 8-3

8.2　基础案例：跟踪运动

　　AE 软件通过对视频中来自某个特定目标的跟踪数据进行分析，得到运动轨迹，将效果层的某些效果或图片等叠加到原视频中，并适合于特定目标的路径，从而达到为视频添加跟踪运动的效果。具体方法如下：

　　（1）选择需要跟踪运动的图层，单击"跟踪器"中的"跟踪运动"按钮，如图 8-4 所示。

　　（2）这时可以看到"图层预览"窗口中增加了一个"跟踪点 1"的方形框，如图 8-5 所示。

图 8-4 　　　　　　　　　　　图 8-5

　　（3）新建一个"文字"图层，命名为"滑冰的熊"，如图 8-6 所示。

图 8-6

　　（4）这个视频中跟踪的对象是"滑冰的熊"，所以，需要将"跟踪点 1"移动至"滑冰的熊"身上，并按照"滑冰的熊"形象调整"跟踪点"的大小和形状，如图 8-7 所示。

　　（5）单击"跟踪器"面板中的"向前分析"按钮，如图 8-8 所示。

　　（6）等分析完成后，单击"跟踪器"面板中的"编辑目标"按钮，如图 8-9 所示。

　　（7）在弹出的"运动目标"对话框中，选择需要应用的跟踪信息，此处选择的是"滑冰的熊""文字"图层，如图 8-10 所示。

　　（8）再到"跟踪器"面板上单击"应用"按钮，如图 8-11 所示。

　　（9）在弹出的"动态跟踪器应用选项"对话框中单击"确定"按钮，如图 8-12 所示。

第 8 章　稳定与跟踪　109

图 8-7

图 8-8

图 8-9

图 8-10

图 8-11

图 8-12

（10）到此，就可以看到"滑冰的熊"文字跟随视频中的熊运动了，如图 8-13 ～ 图 8-15 所示。

图 8-13

图 8-14

图 8-15

8.3 进阶案例：跟踪摄像机

（1）导入视频素材，因为这段素材是走路的过程中手机拍摄的，所以有晃动。在窗口中找到"跟踪器"并把"跟踪器"面板打开，单击"变形稳定器"按钮，使画面晃动感减弱，如图 8-16 所示。

（2）把处理过的视频新建一个合成，单击"跟踪摄像机"按钮，这个过程可能比较长，需要稍稍等待它自动完成，如图 8-17 所示。

图 8-16　　　　　　　　　　　　　　　图 8-17

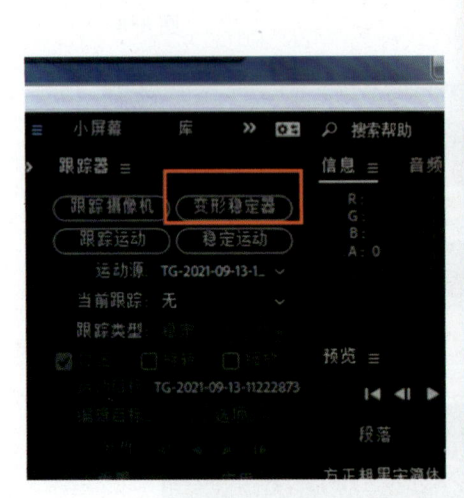

（3）单击左侧的"3D 摄像机跟踪器"按钮，出现跟踪点，如图 8-18 所示。

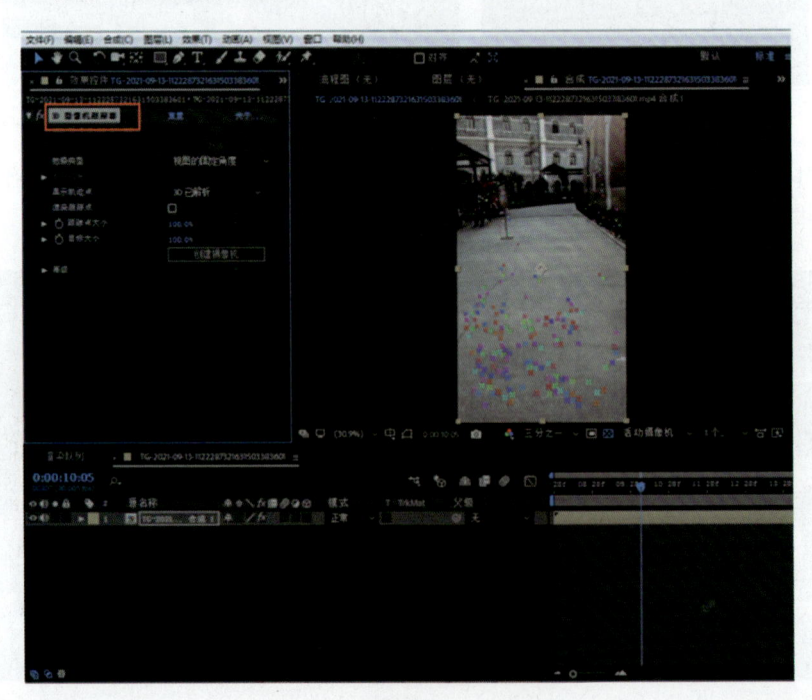

图 8-18

（4）导入 PSD 格式的素材（操作小技巧：在 AE 软件中抠像仅限于单色较为方便操作，如需透明度图片，可结合 PS 软件处理后保存为 TIFF 格式、PNG 格式或者 PAD 格式，再拖至 AE 中使用），如图 8-19 所示。

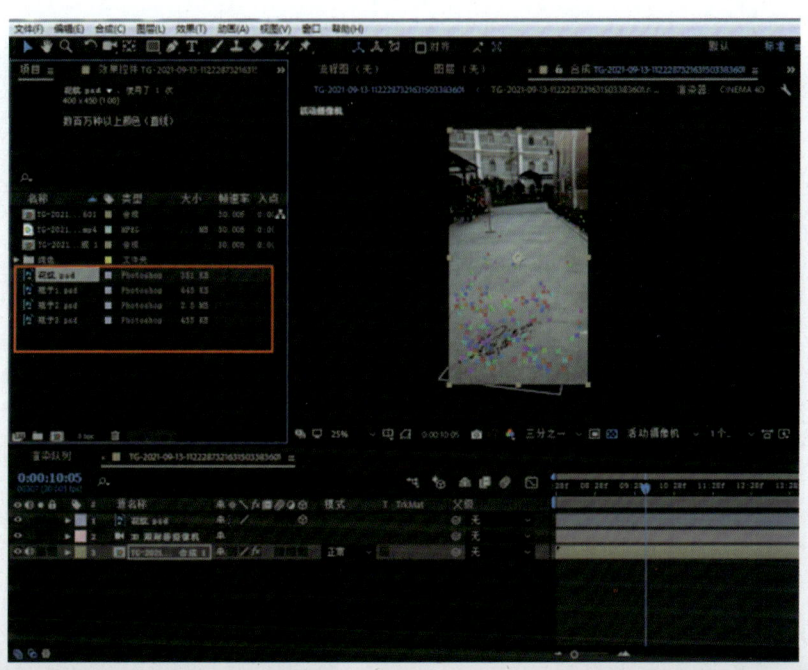

图 8-19

（5）在屏幕中找到合适的平面，单击鼠标右键，选择"创建实底"进行替换（操作小技巧：按住 Alt 键将 PSD 素材拖动至创建的实底上进行替换），如图 8-20 所示。

（6）继续寻找地面上的点，单击"创建文本"按钮，输入文字，如图 8-21 所示。

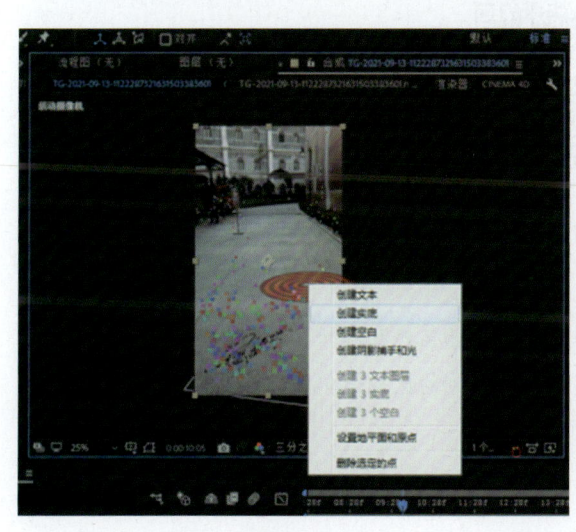

图 8-20 　　　　　　图 8-21

（7）依照上面的方法创建多个素材并将其插入视频中，如图8-22所示。

（8）为了营造氛围，还可将视频的"色相/饱和度"打开，调整视频的"色相/饱和度"，完成整个视频的制作，如图8-23所示。

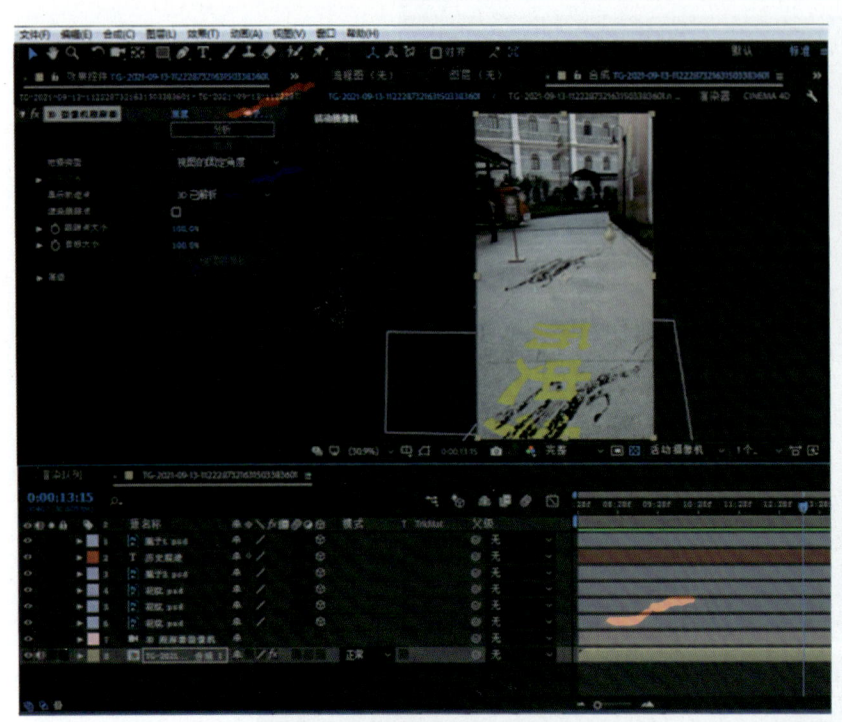

图 8-22

图 8-23

学习效果评估

完成本章内容的学习后，你对自己的学习情况是怎样评价的，请扫码完成下面的学习效果评估表。

职场小知识

在一些广告的视频制作中，有时候需要给一些物品添加标示，标示要根据画面中镜头的运动发生一些变化，这时，跟踪是后期剪辑师常用到的比较简单的方法。一些视频制作中出现的马赛克，也是利用这种方法制作出来的。

第 9 章 三维合成

CHAPTER NINE

本章导读

随着数码科技的发展，影视后期制作技术有了很大的发展。自从各大后期合成软件中增加了三维合成的概念以后，三维合成就成了视频合成中的一个重要功能，利用该功能，可以创建出三维动画效果。虽然无法与三维设计软件相比，但是三维空间的引入，可以让合成更加富有动感和冲击力。

学习目标

1. 知识目标

掌握 AE 软件中三维合成的原理及其与三维软件中三维合成的区别，熟练掌握三维图层的创建、摄像机和灯光的创建及动画制作，掌握根据文字分镜表自主进行素材的收集和整理以及利用素材进行案例制作的能力。

2. 能力目标

运用老师提供的分镜和素材，创造性地进行镜头案例制作。

3. 素养目标

培养学生的学习兴趣，提高学生的立体思维理解力，培养学生团结协作、自主学习和探索求知的能力。

9.1 三维合成原理

AE 软件中的三维和三维软件的三维是完全不同的概念，三维软件可以创建三维的物体和场景，而 AE 软件中的三维，只是让素材有了三维的坐标，素材本身依然是没有厚度的二维素材，但可以根据需要制作三维空间状态，可以对素材进行位移、旋转及设置三维透视角度。应用灯光效果设置阴影，利用摄像机模拟镜头的变化效果，虽然 AE 软件中三维图层中的素材以平面方式出现，但这已足够形成一个广阔的立体展示空间，如图 9-1 所示。

（a） （b）

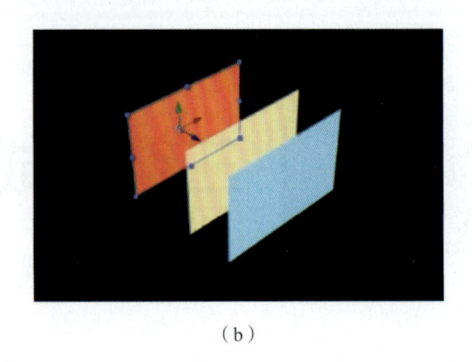

图 9-1

9.2 三维图层的创建

在 AE 软件中对素材进行三维合成时，需要将素材由原来的"二维"图层转为"三维"图层，即可进行三维合成。转换的方法是在"时间线"面板中打开"三维"图层的开关按钮，即可转为"三维"图层。再次单击"三维"图层按钮，图层会再次转为"二维"图层。如图 9-2 所示。

图 9-2

当将素材创建为"三维"图层后，素材的"变换"属性也随之发生了变化，这种变化就是图层所有的参数都有一个 Z 轴，可以用来控制图层前后的空间深度。除了素材多了一个 Z 轴外，素材还多了一项"材质选项"属性，如图 9-3 所示。

图 9-3

参数如下：

（1）投影：该图层是否允许有投影，设置开关打开或关闭可打开或关闭投影效果。

（2）透光率：是指光线对图层的穿透力，通过设置灯光颜色透过本图层，投射到其他图层上，可建立灯光穿过毛玻璃的效果。

（3）接受阴影：该图层是否显示其他图层的阴影投射。

（4）接受灯光：该图层是否接受灯光照射。

（5）环境：环境光对图层的反射率，数值越大反射率越高，反之则越低。

（6）漫射：是指图层上灯光的漫射程度。

（7）镜面强度：是指图层上反射高光的强度。

（8）镜面反光度：是指图层上镜面反射高光的强度。

（9）金属质感：设置在图层上镜面高光的颜色，当数值为100%时为图层的颜色，数值为0%时为光源的颜色。

9.3　灯光的创建

在"时间线"面板中单击鼠标右键，在弹出的快捷菜单中执行"新建"→"灯光"命令，弹出"灯光设置"对话框，在对话框中对灯光进行设置后单击"确定"按钮，即可在"图层"面板中创建出"灯光"图层，如图 9-4 所示。

图 9-4

9.3.1　灯光的类型

灯光的类型是指创建的灯光的发光形式，共有 4 种。

（1）"平行光"光源具有很强的方向性，无论光源远近，光线都不会发散，类似于太阳光。

（2）"聚光"光源从一点发出并呈锥形发散，类似于舞台上聚光灯的效果。

（3）从"点光"光源发出的光线不受方向影响，类似于完全裸露的灯泡的发光效果。

（4）"环境光"没有具体的光源，但可以提高场景中整体的亮度，类似于阴天时的光线。

9.3.2　灯光参数设置

灯光的参数含义见表 9-1。

表 9-1　灯光的参数含义

参数	说明
名称	灯光的名称
灯光的类型	选择要创建的灯光的类型，有 4 种
颜色	灯光的颜色

续表

参数	说明
强度	光照的强度
锥形角度	光源周围锥形的角度
锥形羽化	聚光光照边缘的柔化值
衰减	光是否随着距离而减弱
半径	指定光照衰弱的半径；数值内的距离光线不衰减，数值外的距离光线开始衰减
衰减距离	光照衰减的距离
投影	指定光源是否让图层产生投影。图层"材质选项"中的"接受投影"必须为打开，图层才能产生投影
阴影深度	设置阴影的深度
阴影扩散	基于阴影和图层之间的距离，调整阴影的柔和度，值越高，阴影越柔和

灯光的参数设置如图 9-5 所示。

图 9-5

9.4 摄像机的创建

在"时间线"面板中单击鼠标右键，在弹出的快捷菜单中执行"新建"→"摄像机"命令，弹出"摄像机设置"对话框,在该对话框中对摄像机进行设置后单击"确定"按钮,即可在"图层"面板中创建出"摄像机"图层。

9.4.1 摄像机参数设置

摄像机的参数含义见表 9-2。

表 9-2　摄像机的参数含义

参数	说明
名称	设置创建的摄像机名称
预设	设置创建的摄像机类型,根据摄像机的焦距命名。数值越小,焦距越小,拍摄范围就越大;数值越大,焦距就越大,拍摄范围就越小
视角	在图像中捕获的场景宽度。在较广的视角下可以创建与广角镜头相同的结果
缩放	从镜头到图像平面的距离
胶片大小	胶片曝光区域的大小,与合成的大小有关
焦距	从胶片平面到摄像机镜头的距离
焦点距离	从摄像机到平面完全焦距的距离
光圈	镜头孔径的大小
景深	摄影机镜头前沿能够取得清晰图像的成像所测定的被摄物体前后的距离范围
F-Stop	表示焦距与光圈的比例
单位	表示摄像机设置值所采用的测量单位
量度胶片大小	用于描绘胶片的尺寸

摄像机的参数设置如图 9-6 所示。

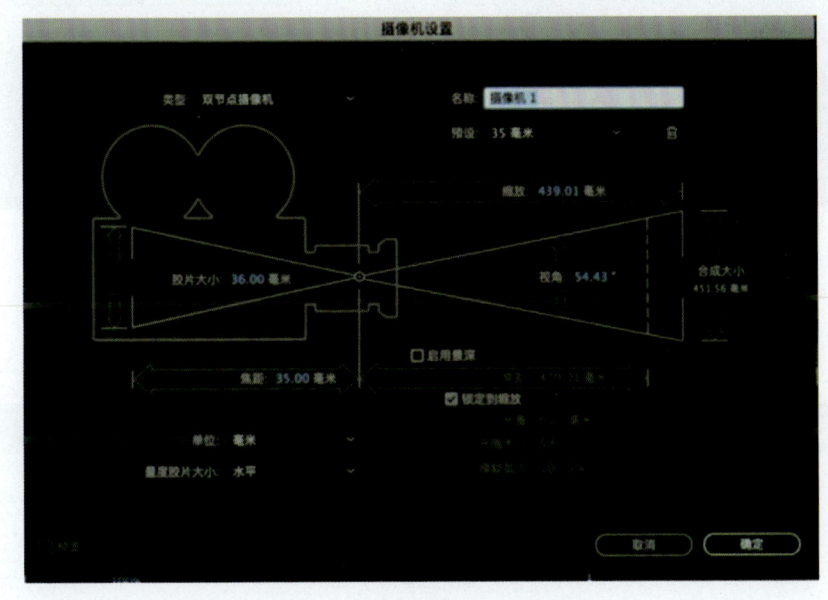

图 9-6

9.4.2 摄像机工具

统一摄像机工具：可以通过鼠标的左右键和滚轮来快速切换"轨道摄像机工具""跟踪 Z 摄像机工具"和"跟踪 XY 摄像机工具"。

（1）轨道摄像机工具：可以旋转摄像机。
（2）跟踪 XY 摄像机工具：在 X 轴和 Y 轴方向平移摄像机。
（3）跟踪 Z 摄像机工具：前后移动摄像机。

摄像机工具如图 9-7 所示。

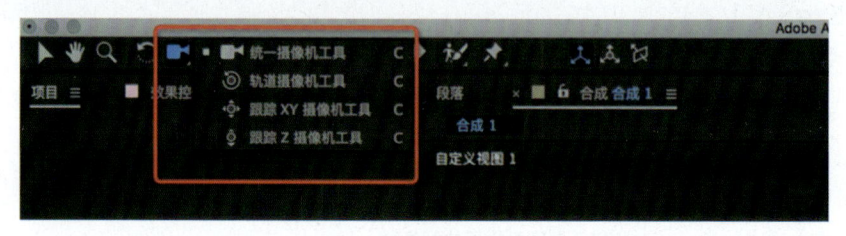

图 9-7

9.4.3 摄像机视图

在 AE 软件中，想要看清摄像机与素材之间的关系，需要切换视图模式。单击合成窗口下方的"视图类型"按钮，在其下拉菜单中可以根据需要进行选择，如图 9-8 所示。

图 9-8

图 9-8 中相关参数的具体含义见表 9-3。

表 9-3 摄像机参数含义

参数	说明
活动摄像机	当前使用的摄像机视角
前视图	从正前方的视角观看的正视图模式
左视图	从左侧观看的正视图模式

续表

参数	说明
顶视图	从顶部观看的正视图模式
右视图	从右侧观看的正视图模式
后视图	从背面观看的正视图模式
底视图	从底部观看的正视图模式
自定义视图 1	从左上方观看的自定义的透视视图模式
自定义视图 2	从上方观看的自定义的透视视图模式
自定义视图 3	从右上方观看的自定义的透视视图模式

9.5 基础案例：中秋——场景1、2

（1）导入场景1和场景2的步骤。

1）在 PS 软件上绘制好场景，并分好图层，保存为 PSD 格式。

2）打开 AE 软件，在"项目"面板中单击鼠标右键，在弹出的快捷菜单中执行"导入文件"命令，选择场景1，在"导入种类"中选择"合成"，按照同样的方法，导入场景2，如图9-9所示。

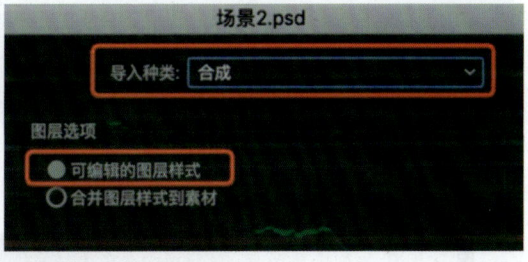

图 9-9

（2）场景1的动画制作步骤。

1）在"项目"面板中双击场景1，执行"合成"→"合成设置"命令，将合成持续时间设置为3秒，在"时间线"面板中，把除背景图层外的所有图层的三维开关打开，如图9-10所示。

图 9-10

2）执行"图层"→"新建"→"摄像机"命令，如图9-11所示。

3）在"合成"窗口中，将"3D 视图弹出式菜单"选择为"自定义视图1"，如图9-12所示。

4）依次选择图层，拖动窗口中的 Z 轴坐标轴，按照图层的先后顺序，前后拖动图层，使图层排列有前后空间关系，如图9-13所示。

120 第 9 章 三维合成

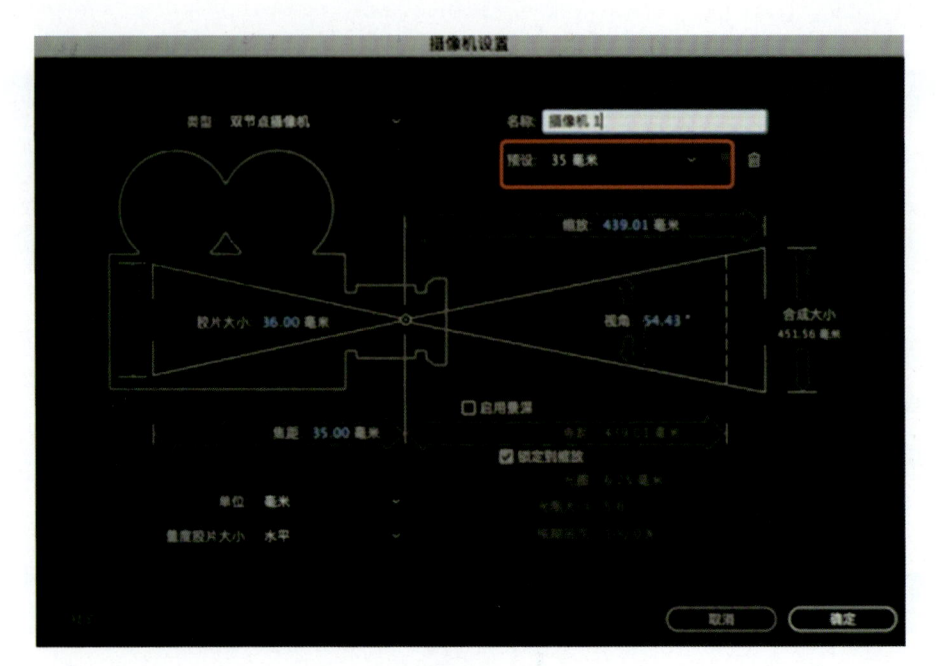

图 9-11

图 9-12

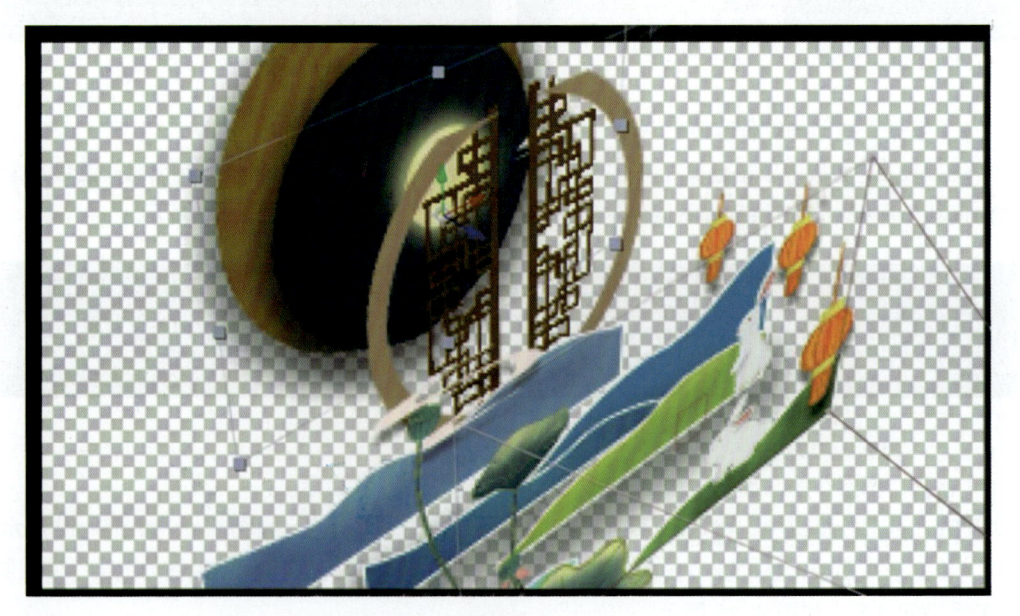

图 9-13

5）在"3D视图弹出式菜单"中选择"活动摄像机",这时候出现最终渲染的视图效果,在合成窗口中会看到一些素材的边界,或者是素材的位置不合适,可以按P键,调整素材的"位置"属性,根据情况调整素材的左右和上下位置,出现最终效果,如图9-14所示。

图 9-14

6）执行"图层"→"新建"→"空对象"命令,打开"空对象"图层的三维开关,在摄像机图层的父级链接中选择"空对象"图层,如图9-15所示。

图 9-15

7）选择"空对象"图层,按P键调整"空对象"的"位置"属性,将时间指针移到0帧的位置,打上关键帧,将时间指针移到3秒中的位置,调整数值为"(647.0,92.0,1476.0)",这时候播放预览就能看到镜头往前推的效果。将时间指针移到1秒20帧的位置,设置数值为"(590.7,387.5,-155.8)",将时间指针移到2秒14帧的位置,设置数值为"(733.1,358.0,-41.1)",如图9-16所示。

(a)　　　　　　　　　　　(b)　　　　　　　　　　　(c)

图 9-16

(d)　　　　　　　　　　　　　　(e)　　　　　　　　　　　　　　(f)

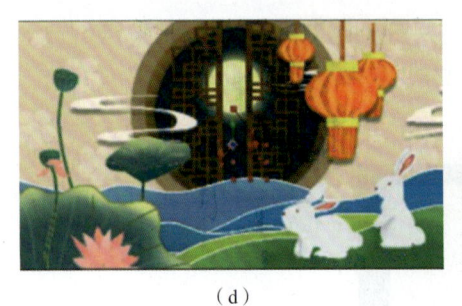

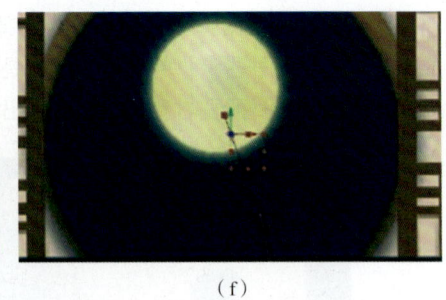

图 9-16　（续图）

8）选中"窗户"的图层，打开"位置"属性，制作从 23 帧到 1 秒 16 帧窗户拉开的动画，如图 9-17 所示。

9）选择"椭圆"工具，在窗口中绘制一个圆形，其大小和椭圆窗户一样大，调整位置，并打开"椭圆"图层的三维开关，如图 9-18 所示。

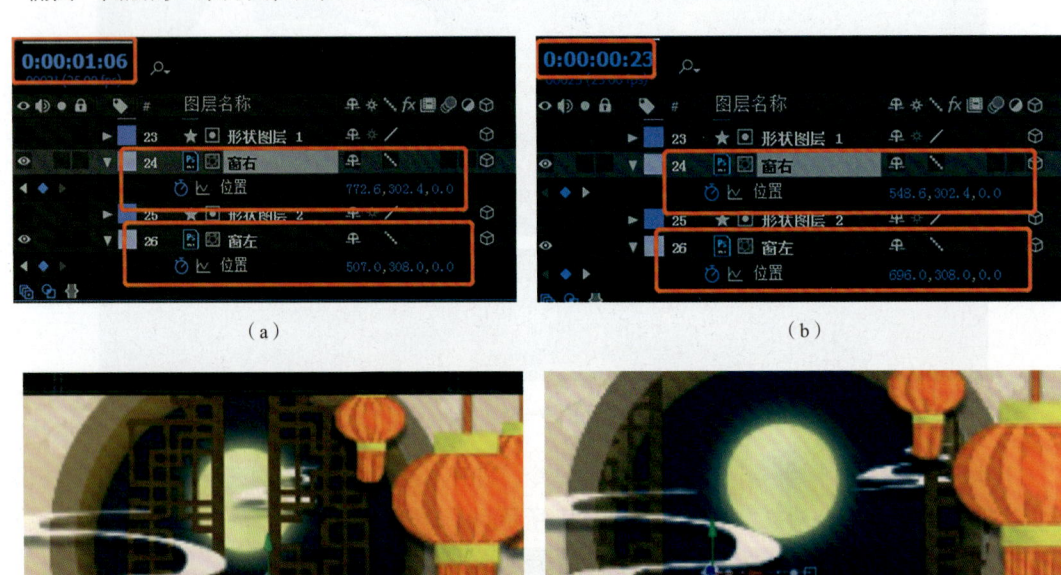

(a)　　　　　　　　　　　　　　　　　　　　(b)

(c)　　　　　　　　　　　　　　　　　　　　(d)

图 9-17

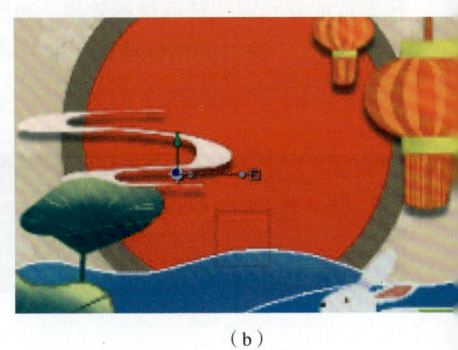

(a)　　　　　　　　　　　　　　　　　　　　(b)

图 9-18

10）按 Ctrl+D 组合键复制椭圆 1 为椭圆 2，分别放到"窗左"和"窗右"的图层上方，在"窗左"的"轨道遮罩"中选择"Alpha 遮罩'形状图层 1'"和"Alpha 遮罩'形状图层 2'"，将窗户移动后多出来的地方遮住，如图 9-19 所示。

（a）

（b）

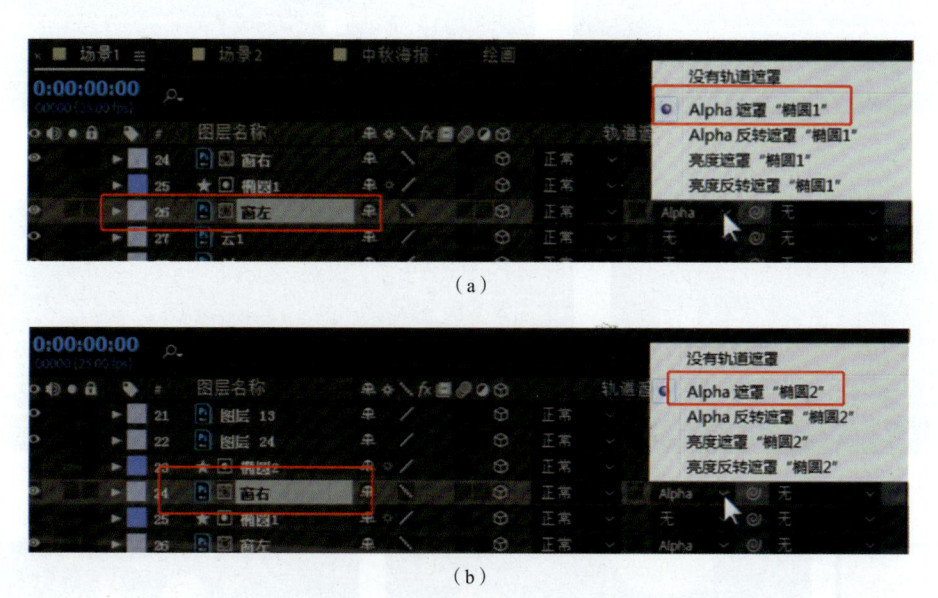

图 9-19

11）选中"云彩"图层，制作云彩左右移动的动画。

（3）场景 2 的动画制作步骤。

1）双击"场景 2"，执行"合成"→"合成设置"命令，将场景 2 的合成持续时间设置为 3 秒。

2）按 Shift 键选中三个兔子所在的图层，执行"图层"→"预合成"命令，名称为"兔子"。

3）将除了"星空"和"背景"的其他图层的三维开关打开。

4）执行"图层"→"新建"→"摄像机"命令。

5）将"场景 2"中所有图层按照"场景 1"中的方法进行前后的调整，如图 9-20 所示。

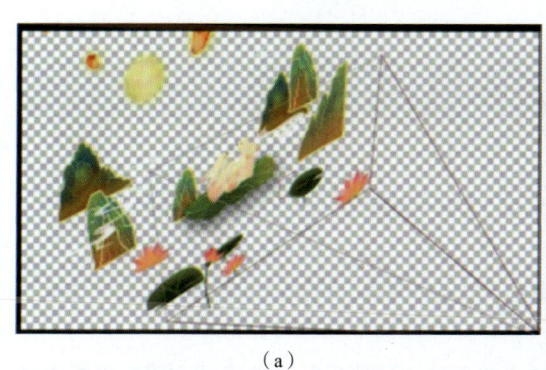

（a）　　　　　　　　　　　　　　　　　（b）

图 9-20

6）依次制作灯笼由下向上移动的动画和云彩左右移动的动画。

7）新建"空对象"图层，将摄影机的父级链接选择为"空对象"。

8）选中"空对象"图层，将时间指针移到 2 秒 9 帧的位置，按 P 键打开"空对象"图层的"位置"属性，激活位置关键帧，时间指针移到 0 帧的位置，位置为"（464.0，75.0，1805.0）"，时间指针移到 11 帧的位置，位置为"（425.7，172.8，1439.1）"，时间指针移到 1 秒 01 帧，位置为"（626.1，330.3，1027.5）"，时间指针移到 2 秒 09 帧，位置为"（640.0，360.0）"，如图 9-21 所示。

（a）　　　　　　　　　　　　　　　　（b）

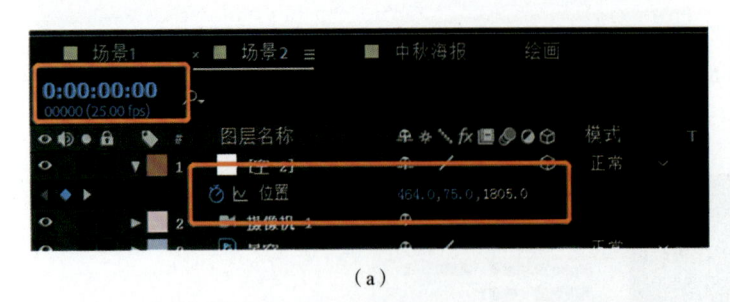

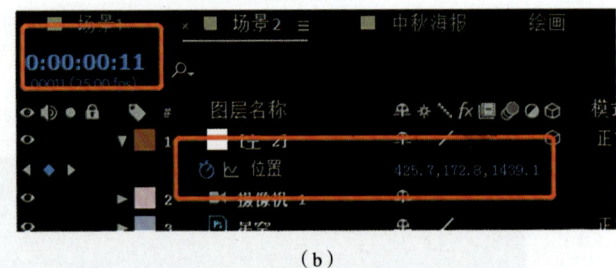

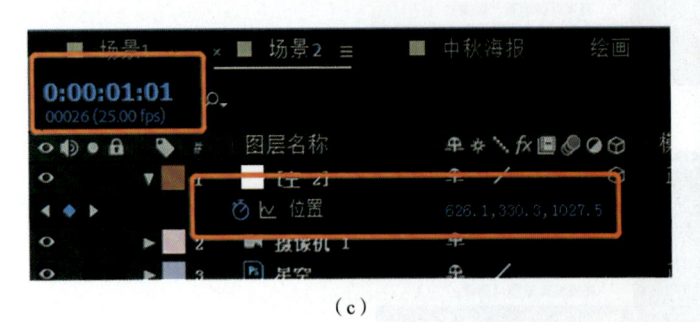

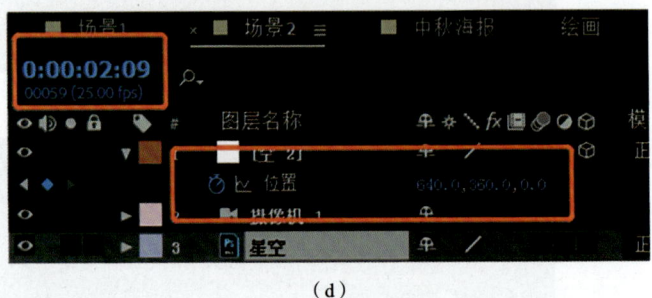

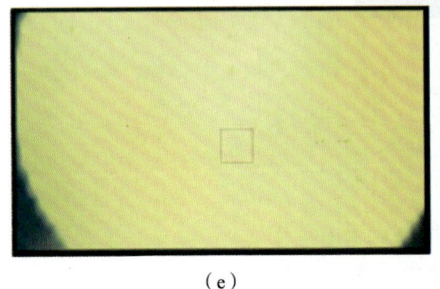

（c）　　　　　　　　　　　　　　　　（d）

（e）　　　　　　　（f）　　　　　　　（g）

图 9-21

9.6 进阶案例：中秋——总合成

（1）新建合成，设置持续时间为 7 秒钟，将"场景 1"和"场景 2"合成拖到"时间线"面板中，按照前后顺序将时间条排列好，如图 9-22 所示。

（2）选中"场景 2"图层，单击图层面板左下角的"出点、入点、持续时间窗格"，将"伸缩"数值拉到 134%，如图 9-23 所示。

（3）选择"直排文字"工具，在"合成"窗口中输入"中秋快乐"，并在"字符"面板中修改文字参数，选择"文字"图层，执行"图层"→"图层样式"→"描边"命令，给文字添加描边效果。

（4）选择"矩形"工具，在"合成"窗口中绘制出矩形，矩形大小要大于文字，效果如图 9-24 所示。

（5）将"形状"图层放到"文字"图层的上方，选择"形状"图层，按 S 键打开它的"缩放"属性，取消约束比例。将时间指针移到 6 秒 7 帧的位置，缩放比例为（100%，0%），将时间指针移到 7 秒的位置，缩放比例为（100%，100%），如图 9-25 所示。

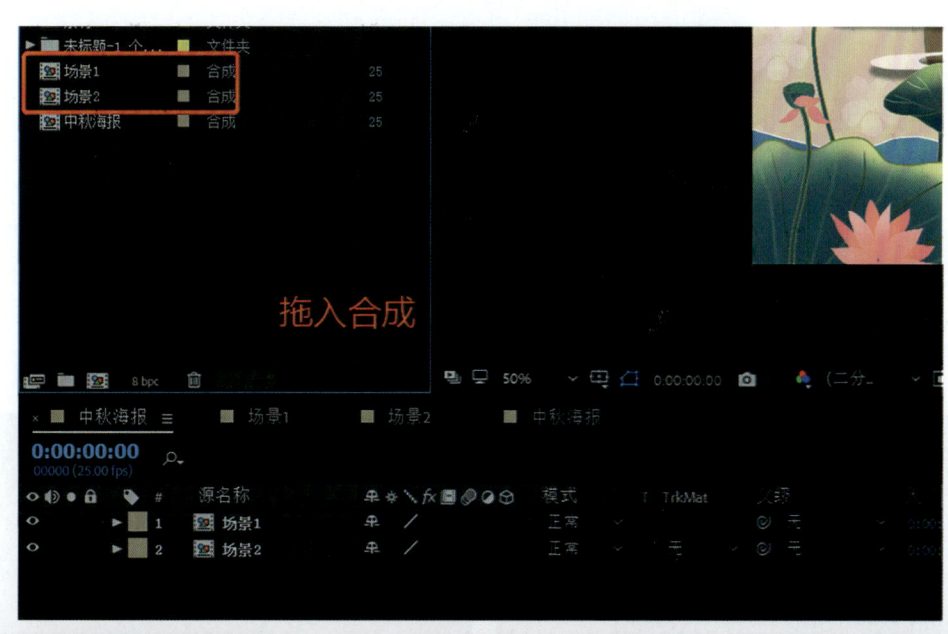

图 9-22

图 9-23

图 9-24

126 第 9 章 三维合成

（a）

（b） （c）

图 9-25

（6）将文字图层的"轨道遮罩"设置为"Alpha 遮罩'形状图层 1'"，如图 9-26 所示。

图 9-26

（7）将"卷轴"导入 PS 软件中进行分层处理，并保存为 PSD 格式。
（8）将"卷轴"分图层依次导入 AE 软件中，如图 9-27 所示。

图 9-27

(9)将"卷轴上"放到最上面,将"卷轴底"放到"文字"图层的下面,如图9-28所示。

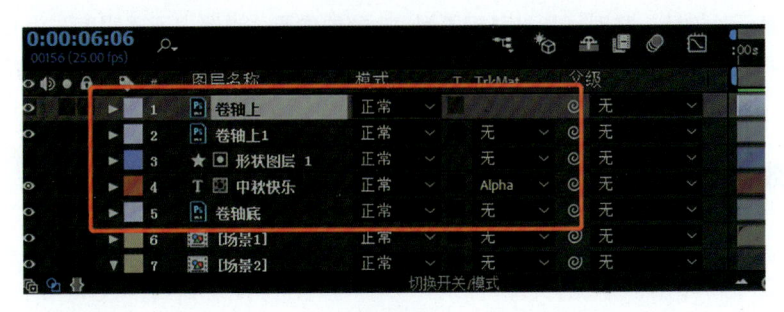

图 9-28

(10)选择"卷轴底"图层,按S键展开"卷轴"的"缩放"属性,取消缩放比例,并将"卷轴"的大小调整合适,将时间指针移到7秒的位置,激活缩放关键帧,将时间指针移到6秒7帧的位置,设置Y轴缩放比为0,如图9-29所示。

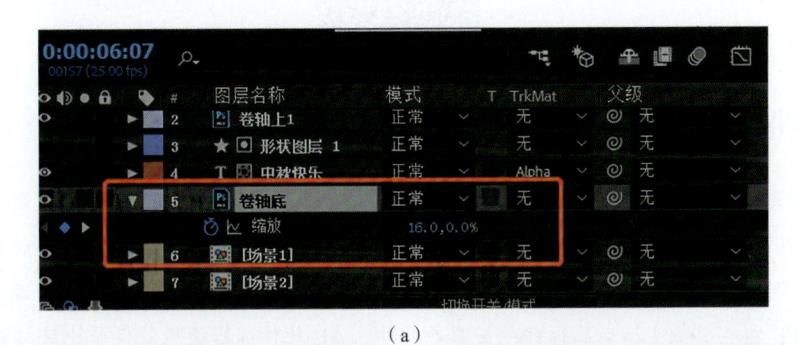

(a)

(b)　　　　　　　　　　　(c)

图 9-29

(11)选择"卷轴上"和"卷轴上1"图层,按P键调整"位置"属性,将"卷轴"放到文字两端,将时间指针移到7秒的位置,激活位置关键帧,将时间指针移到6秒7帧的位置,将"卷轴上"和"卷轴上1"图层移到中间,制作"卷轴"展开动画,如图9-30所示。

(a)　　　　　　　　　　　(b)

图 9-30

（12）选择"卷轴上"和"卷轴上1"层，将时间指针移到6秒7帧的位置，按T键展开"不透明度"属性，激活关键帧，将时间指针移到5秒15帧的位置，设置"不透明度"为0%。

（13）选择"中秋海报"，执行"合成"→"添加到渲染列队"命令，将合成渲染成视频。

学习效果评估

完成本章内容的学习后，你对自己的学习情况是怎样评价的，请扫码完成下面的学习效果评估表。

职场小知识

在影视制作这个行业中，AE软件中的三维功能是不常用的，特别是在影视特效、栏目包装、广告这些行业里，三维的镜头效果和特效会利用三维软件来制作，例如C4D（Cinema 4D），它的工程文件和AE软件中的工程文件可以进行无阻碍的数据传输，制作出逼真的三维效果；在一些镜头运动感较强的效果制作中，AE软件的摄像机软件是比较快速和便捷的。

CHAPTER TEN

第 10 章 渲染输出

本章导读

对于制作完成的影片，渲染和输出效果的好坏将直接影响影片的质量。较好的渲染和输出效果可以使影片在不同的设备上都能得到很好的播放效果，从而方便用户的作品通过各种媒介进行传播。本章主要讲解了 AE 软件的渲染与输出功能。通过本章的学习，学生可以掌握渲染与输出的方法和技巧。

学习目标

1．知识目标

掌握渲染输出的概念，能够进行基本的参数设置和渲染输出。

2．能力目标

通过自主探究、小组合作的方法解决预设问题，能够正确渲染出合乎各种形式要求的作品。

3．素养目标

感受运用剪辑技术创作作品的乐趣，提高学习剪辑技术的兴趣，培养动手操作的能力、与同伴交流合作的意识和能力以及团结协作的精神，增强社会责任感。

10.1 渲染输出的概念

在 AE 软件中，渲染是指当项目合成后，将一帧中所有的图像、视频、音乐、效果和其他数据结合在一起进行渲染，根据自己的需要调节画面大小、分辨率等详细信息的一个过程，它能平衡创建的视频文件的质量和大小，最终合成能够在各种设备上进行播放的视频。

输出是合成制作完毕后的最后一个步骤，根据用途的不同，可以将最终的结果输出为不同格式的文件，例如可以是用来再次进行制作的 AVI 或 MOV 文件，用来刻录光盘的 MPEG 文件，或者 Animate 动画及流媒体等，这就需要对输出进行相关设置。

渲染输出影片主要有两种方法：一种是通过 AE 软件中内置的"渲染队列"功能来渲染产品，这种渲染方式主要用于高品质影片（带或不带 Alpha 通道）或图像序列的输出，以便将其用于其他视频编辑、合成或 3D 图形应用程序做进一步处理；第二种是使用 Adobe Media Encoder，这是 Adobe 的辅助程序，它具有媒体数据处理的所有必要功能。最重要的是，它不仅适用于 AE 软件，还适用于其他 Adobe 应用程序。本章主要讲解使用 AE 软件中内置的"渲染队列"进行渲染的方法。

要输出合成结果，首先要把合成添加到"渲染队列"窗口中。可以使用以下几种方法添加。

（1）项目合成制作完成后，单击菜单栏的"文件"菜单，执行"导出"→"添加渲染队列"命令即可。

（2）在菜单栏合成菜单，找到并单击"添加到渲染队列"，当前合成即可添加到"渲染队列"中，如图 10-1 所示。

（3）在"合成"面板中选中需要渲染的合成后可直接按 Ctrl+M 组合键，即可将合成添加到"渲染队列"中。

（4）将合成直接从"项目"面板拖至"渲染队列"窗口，也可添加到"渲染队列"中。

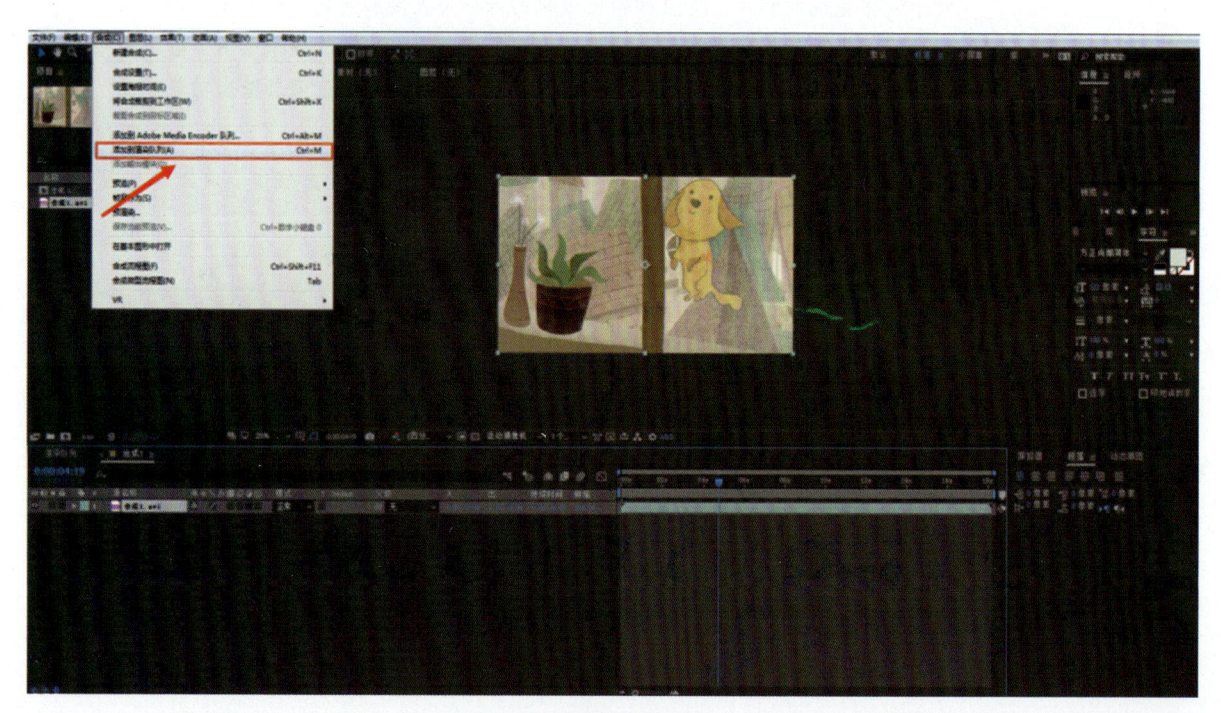

图 10-1

10.2　渲染队列输出视频

在使用 AE 软件操作时，无论是执行"文件"→"导出"→"添加到渲染队列"命令，还是执行"合成"→"添加到渲染队列"命令，都会打开"渲染队列"面板，并将该合成加入"渲染队列"中，AE 软件可以将多个合成添加到"渲染队列"面板，并按照每个合成单独的渲染设置进行渲染。

10.2.1 "渲染队列"面板

在"渲染队列"面板中可以控制整个渲染进程，调整各个合成项目的渲染顺序，设置每个合成项目的渲染质量、输出格式和路径等。在添加新项目到"渲染队列"中时，"渲染队列"面板将自动打开，如果不小心关闭了该面板，也可以通过执行"窗口"→"渲染队列"命令，或按 Ctrl+Alt+0 组合键，再次打开此面板，如图 10-2 所示。

图 10-2

10.2.2 渲染设置

单击"渲染设置"右侧的"最佳设置"按钮，弹出"渲染设置"对话框，在该对话框中可以设置影片的"品质""分辨率""帧速率"等基本属性，如图 10-3 所示。

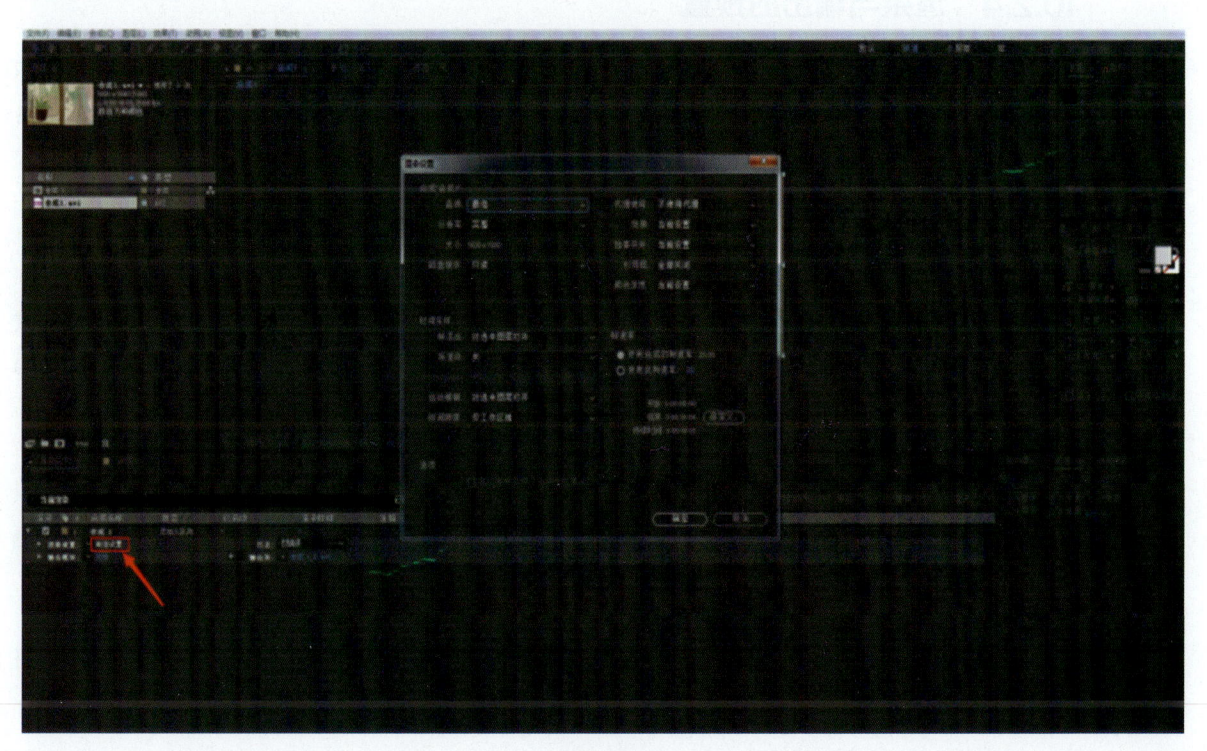

图 10-3

10.2.3 输出模块设置

在"渲染设置"完成后，就要开始进行输出模块设置，主要设定输出的格式和解码方式等。单击"输出模块"后的"无损"按钮，弹出"输出模块设置"对话框，如图 10-4 所示，在该对话框中可以选择系统预置的格式、压缩、解码方式及音频等进行设定。

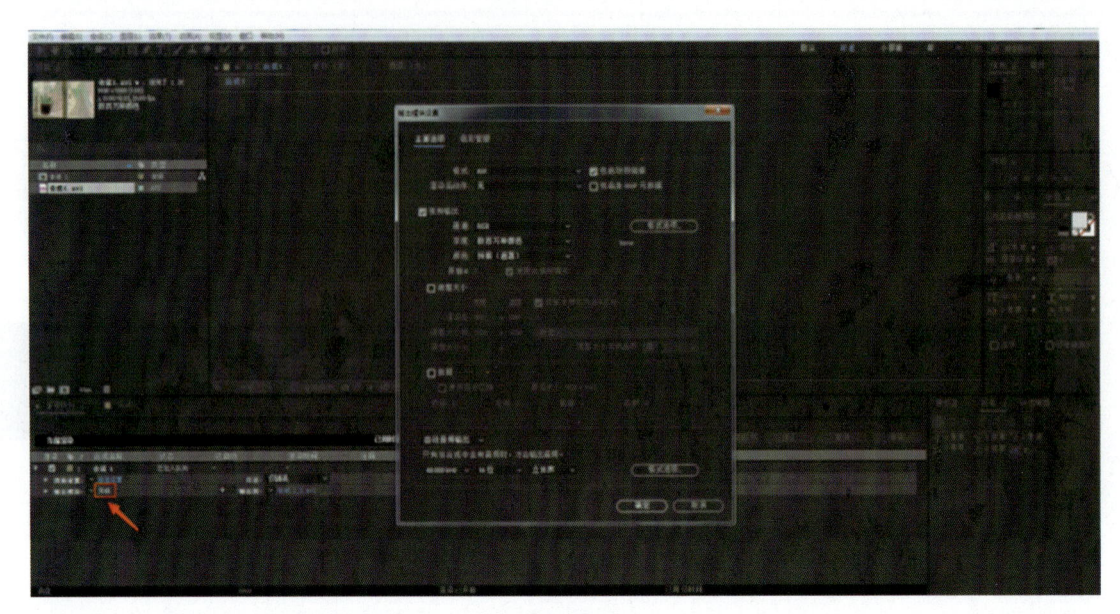

图 10-4

10.2.4 渲染与输出的预置

虽然 AE 软件已经提供了众多的"渲染设置"和"输出模块设置"的预置选项，不过可能还是不能满足更多的个性化需求。用户可以将一些常用的设置存储为自定义的预置，以便以后在进行输出操作时，不需要反复设置，只需要单击按钮，在弹出的下拉列表中选择即可。

10.2.5 编码和解码问题

完全不压缩的视频和音频的数据量是非常庞大的，因此在输出时需要通过特定的压缩技术对数据进行压缩处理，以减小最终的文件量，便于传输和存储。这样就产生了输出时选择恰当的编码器，播放时使用同样的解码器进行解压还原画面的过程。

10.3 输出

在"渲染队列"面板中展开某个渲染任务，单击"输出到"右侧的"合成 .avi"按钮，弹出"将影片输出到"对话框，即可设置输出文件的文件名及所在路径。

10.3.1 输出标准视频

输出标准视频步骤如下：

（1）在"项目"面板中，选择需要输出的合成项目。

（2）执行"图像合成"→"添加到渲染队列"命令，或按 Ctrl+M 组合键，将合成项目添加到渲染队列中。

（3）在"渲染队列"面板中进行"渲染"属性、输出格式和输出路径的设置。

（4）单击"渲染"按钮开始渲染运算，如图10-5所示。

图10-5

（5）如果需要将此合成项目渲染成多种格式的文件，可以在第（3）步之后，执行"输出模块"→"添加输出模块'+'"命令，添加输出格式并指定另一个输出文件的路径及名称，这样可以做到一次创建、任意发布，如图10-6所示。

图10-6

10.3.2 输出音频

只有当合成中含有音频时，才会输出音频。一般采用默认设置。

10.3.3 输出合成项目中的某一帧

输出合成项目中的某一帧步骤如下：

（1）在"时间线"面板中，移动当前时间标签到目标帧所在的位置。

（2）执行"合成"→"帧另存为"→"文件"命令，或按 Ctrl+Alt+S 组合键，如图10-7所示，添加渲染任务到"渲染队列"中。

（3）单击"渲染"按钮开始渲染运算。

（4）另外，如果执行"合成"→"帧另存为"→"Photoshop 图层"命令，则直接弹出"另存为"对话框，设置好路径和文件名后，单击"确定"按钮即可完成单帧画面的输出。

10.3.4 输出序列图片

AE 软件支持多种格式的序列图片的输出，其中包括 AIFF、AVI、DPX/Cineon 序列、F4V、FLV、H.264、H.264 Blu-ray、IFF 序列、Photoshop 序列和 Targa 序列等。如果影片还需要使用其他视频编辑软件进一步优化时，往往会将其渲染输出为序列帧，这样做不但有利于保证图像品质，而且图片的形式更有利于后期制作。输出序列文件的参数设置与输出视频的参数类似，稍有不同的是在"输出模块设置"对话框中，"格式"选择带"序列"的后缀格式，如"JPEG 序列""PNG 序列"和"TIFF 序列"等。

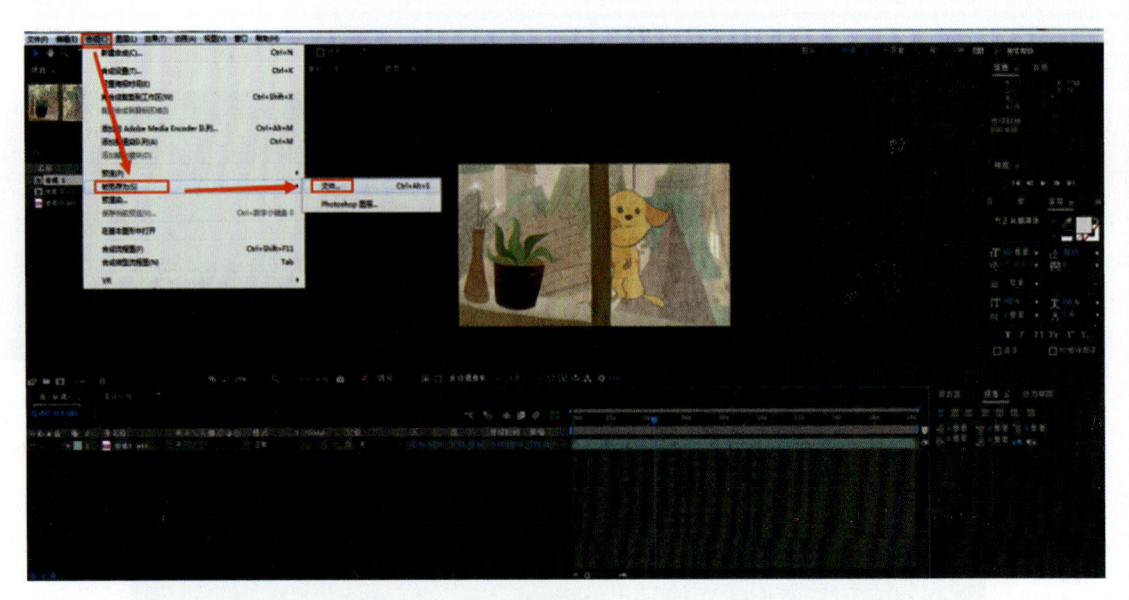

图 10-7

10.3.5 输出 Flash 格式文件

AE 软件还可以将视频输出成 Flash SWF 格式文件或者 Flash FLV 格式文件，执行"文件"→"导出"命令，并在其中进行选择。

本章主要讲解了合成制作好后如何进行渲染输出，以及具体的渲染设置、输出设置等参数及方法，渲染单帧、序列帧及 Flash 格式文件等的操作方法。渲染输出的设置并不复杂，关键在于读者要在不同的工作环境要求下合理地选择最优化的输出方案，这样不仅节省了计算机资源，还节约了时间成本，因此，通过本章的学习，应该掌握在合理利用资源的前提下，最大限度地提高渲染输出的工作效率。

学习效果评估

完成本章内容的学习后，你对自己的学习情况是怎样评价的，请扫码完成下面的学习效果评估表。

职场小知识

渲染并不一定是最后工序。在制作中有时需要进行各类测试渲染，评价合成的优劣，然后再返工修改，直至最终满意后进行最后的渲染输出；有时需要对一些嵌套合成层预先进行渲染，然后将渲染的影片导入合成项目中，进行其他合成操作，以提高 AE 软件的任务效率；有时只需要渲染动画中一个单帧，鉴于渲染的这些需求，在 AE 软件的渲染设置中也提供了众多选择来满足不同的渲染要求。

CHAPTER ELEVEN

第 11 章　插件——光效插件 Optical Flares

本章导读

　　AE 软件离不开各种各样功能强大的插件，插件的使用会大大提升 AE 的操作性能，方便使用者快速制作出想要的效果。本章主要讲解一款强大的光效插件 Optical Flares 的基本操作方法和使用技巧，影视后期制作离不开炫彩夺目的光效，合理地使用光效能为影片带来更加震撼的效果。因此，合理使用光效的制作方法是影视后期制作必备的技能之一，本章将通过案例的方式详细讲解光效插件 Optical Flares 的具体使用方法。

　　本章主要讲解一款非常强大的光效插件 Optical Flares 的相关知识，详细讲解"Optical Flares"面板各个区域的具体功能，又通过实战演练加强学习者对本插件的具体使用操作能力，并将插件快速地运用到影视后期制作中，为作品增光添彩。

学习目标

1. 知识目标

　　了解光效插件 Optical Flares 的相关知识，认识和使用"Optical Flares"面板各个区域的具体功能。

2. 能力目标

　　充分培养和提高学生的 AE 软件操作能力，能够独立添加光效特效，为作品增光添彩。

3. 素养目标

　　培养学生运用所学的理论知识和技能解决影视后期设计过程中所遇到的实际问题的能力；培养学生理论联系实际的工作作风、严肃认真的科学态度及独立工作的能力，树立自信心。

11.1 光效插件 Optical Flares 简介

Optical Flares 是一款强大专业的镜头光晕耀斑光效 AE 插件，其功能强大，操作方便，效果绚丽，渲染速度迅速，插件可以制作设计动画效果逼真的镜头光晕耀斑灯光特效，拥有完整的独立界面，可自定义保存预设，插件安装包里也提供了众多预设，可直接在插件中使用。因此，Optical Flares 插件深受影视后期制作者的喜爱，几乎是 AE 软件的必备插件之一，如图 11-1 所示。

图 11-1

由于 Optical Flares 是第三方插件，AE 软件并未内置此功能，因此需自行安装使用，本书素材包提供此插件安装程序，供读者参考使用。

11.2 Optical Flares 的基本操作

Optical Flares 的操作界面简单友好，功能强大，在这里主要讲解其基本使用方法。

（1）新建纯色图层，并将其设置为纯黑色，如图 11-2 所示。

第 11 章　插件——光效插件 Optical Flares　137

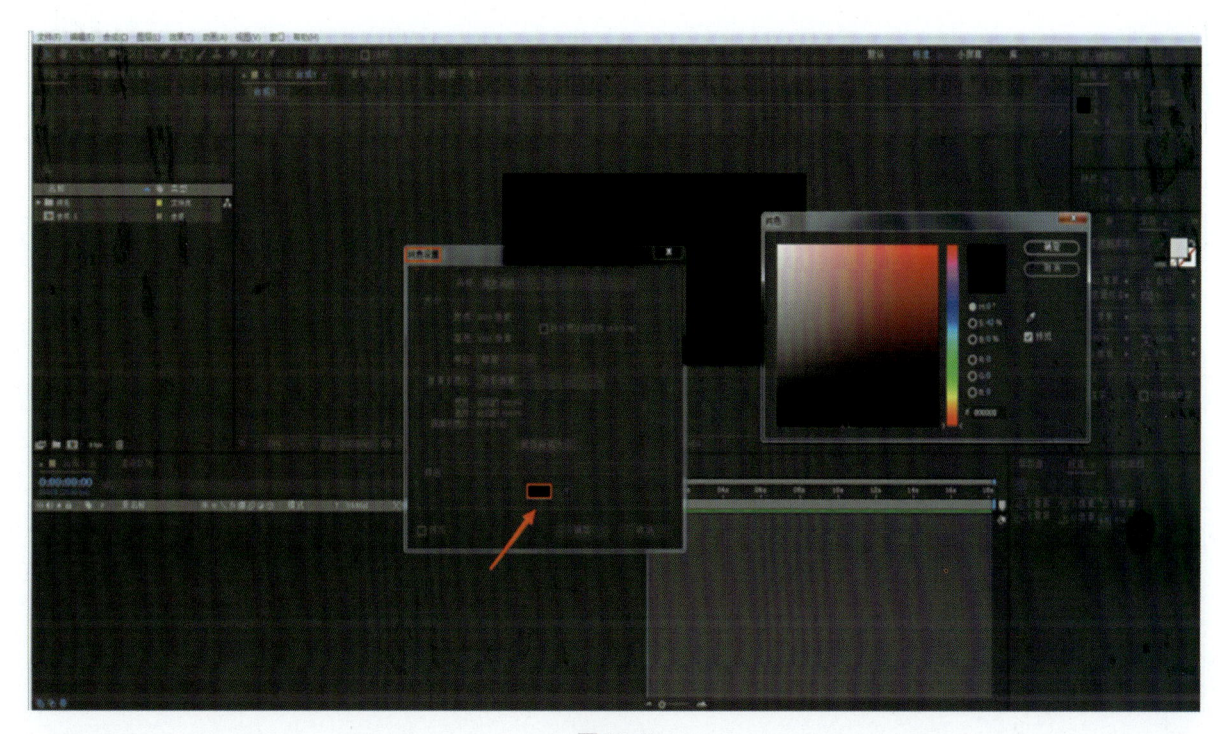

图 11-2

（2）选中"黑色纯色"图层，执行菜单栏"光效""Video Copilot""Optical Flares"命令，为"黑色纯色"图层添加"Optical Flares"效果，如图 11-3 所示。

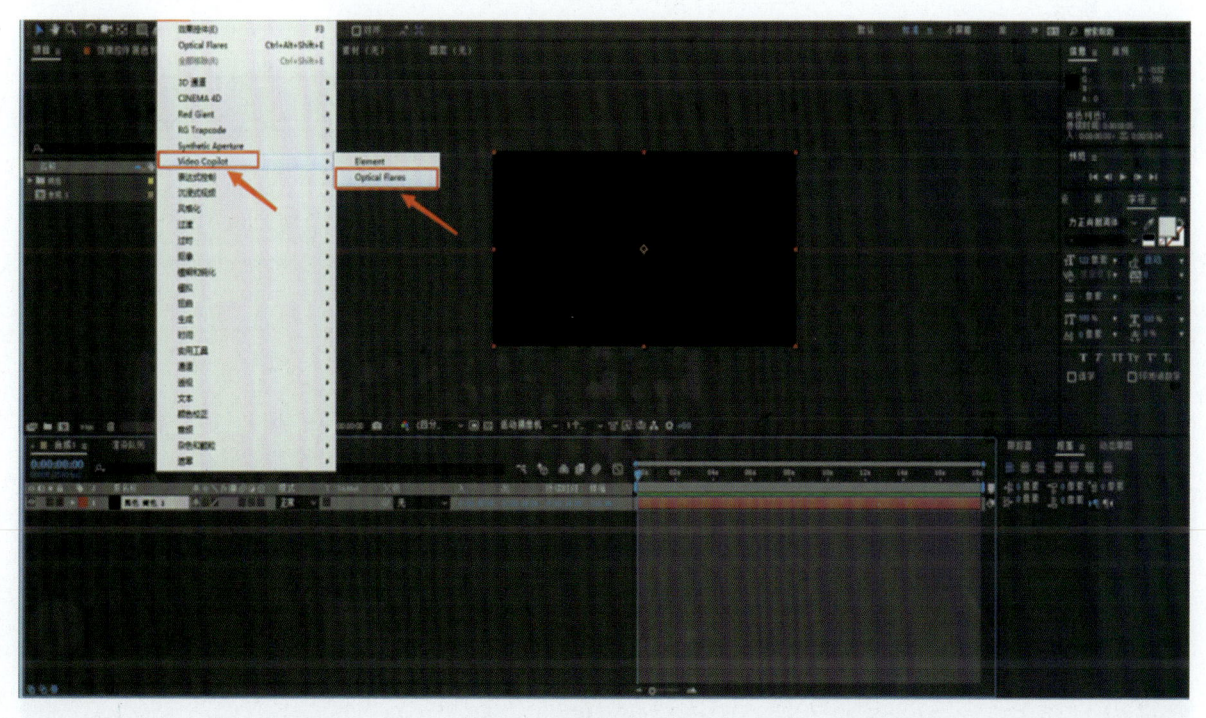

图 11-3

（3）在"效果控制"面板可以看到已经添加上了"Optical Flares"效果，同时在合成预览区域能够实时预览"Optical Flares"不同的光效效果，如图 11-4 所示。

第 11 章　插件——光效插件 Optical Flares

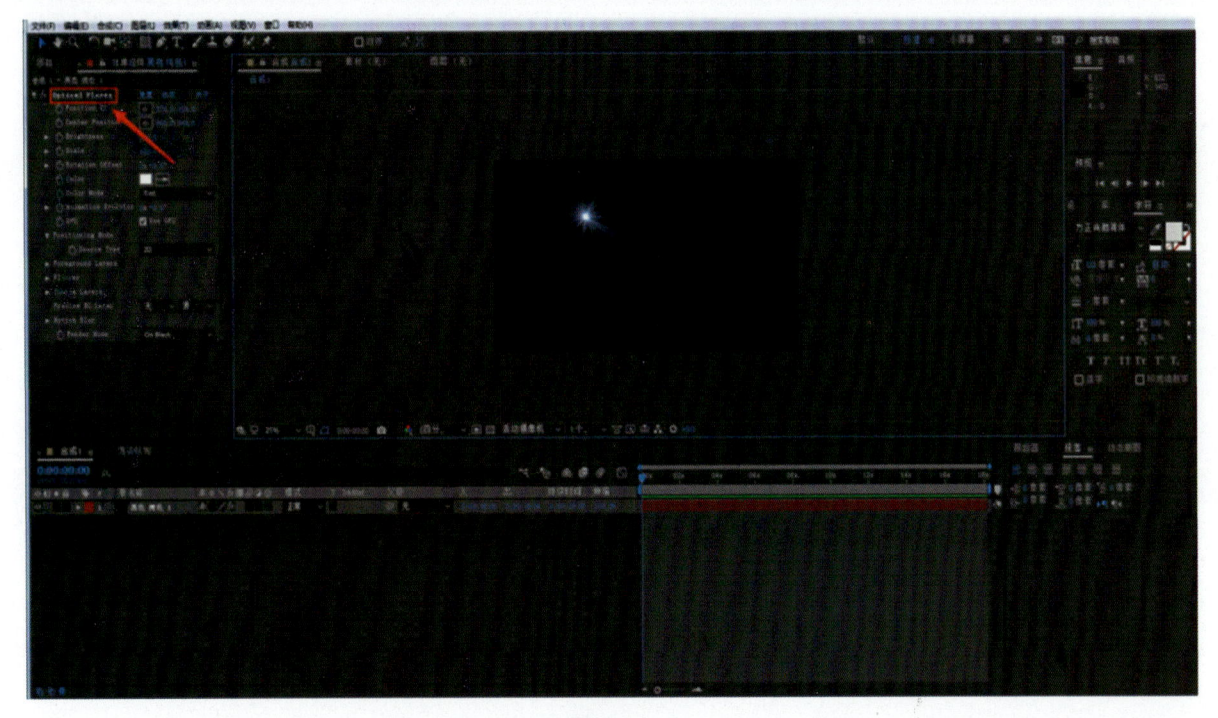

图 11-4

（4）可以在"效果控制"面板直接调节"Optical Flares"参数，也可以在"Optical Flares"面板中调节不同的参数，单击"选项"按钮，会弹出"Optical Flares Options"对话框，如图 11-5 所示。

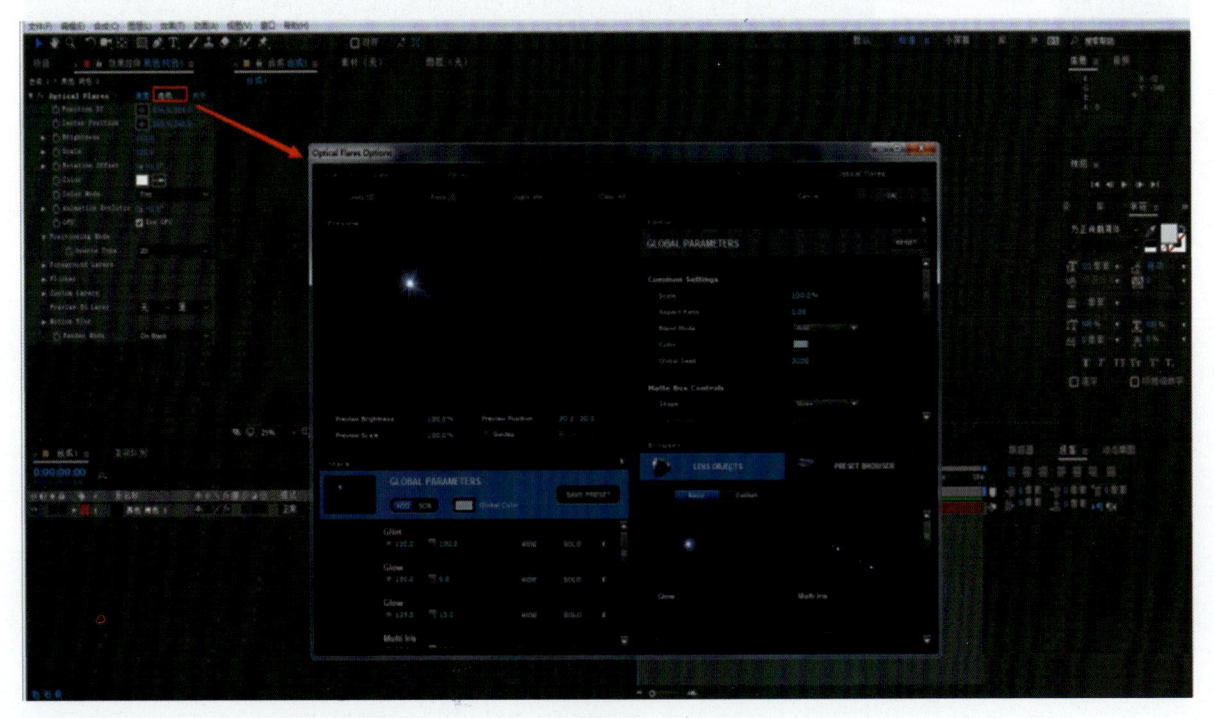

图 11-5

（5）"Optical Flares Options"对话框如图 11-6 所示。

图 11-6

（6）在"Optical Flares Options"对话框中可以选择不同的光效类型，在右下角"浏览器"面板，可以选择"Glow（光源）"类型，也可以选择"Multi Iris（光斑元素）"类型等，还可以叠加不同类型光效，最终效果在左上角的预览窗口可实时观看，如图 11-7 所示。

图 11-7

（7）左下角的"堆栈"可以调节光效不同的细节参数，如图 11-8 所示。

第 11 章　插件——光效插件 Optical Flares

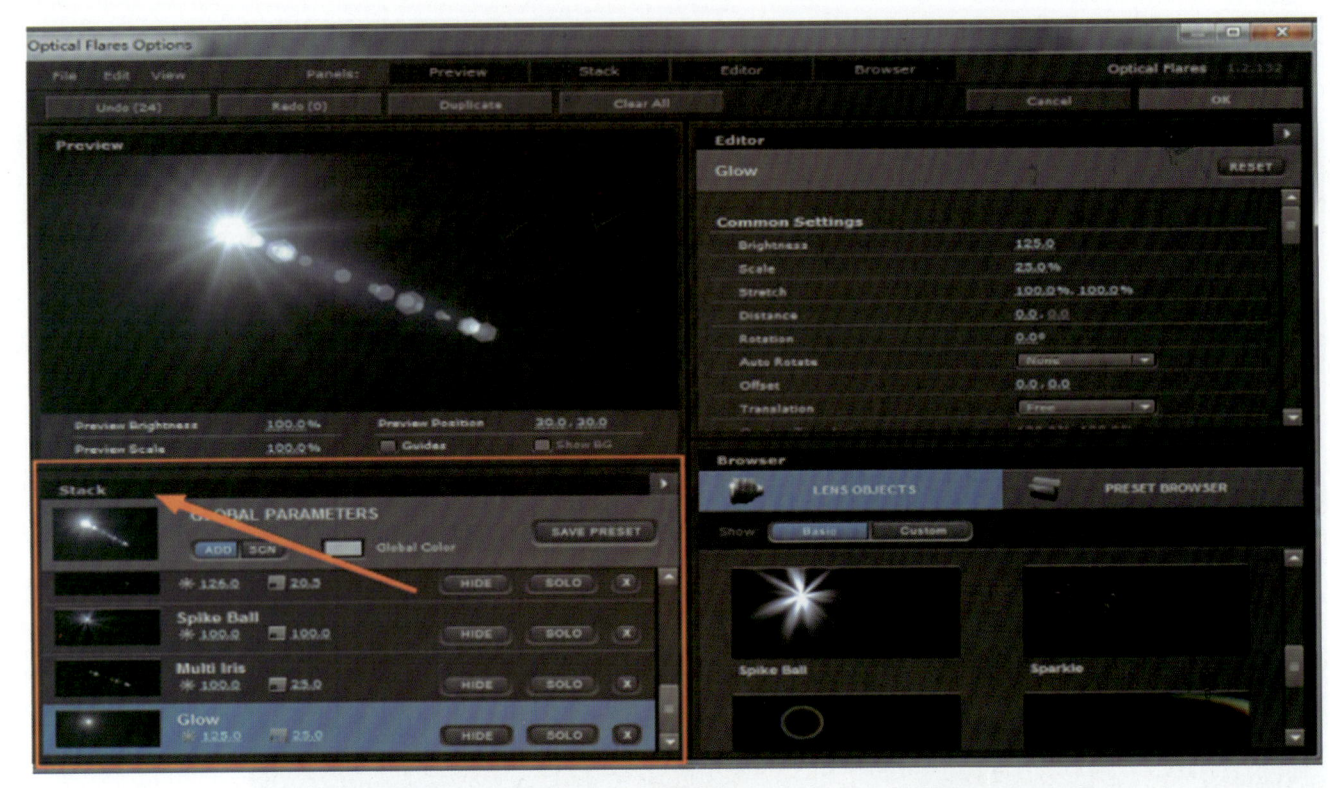

图 11-8

（8）右上角的"编辑"面板可以对光效的大小、位置和亮度等基本参数进行设置，如图 11-9 所示。

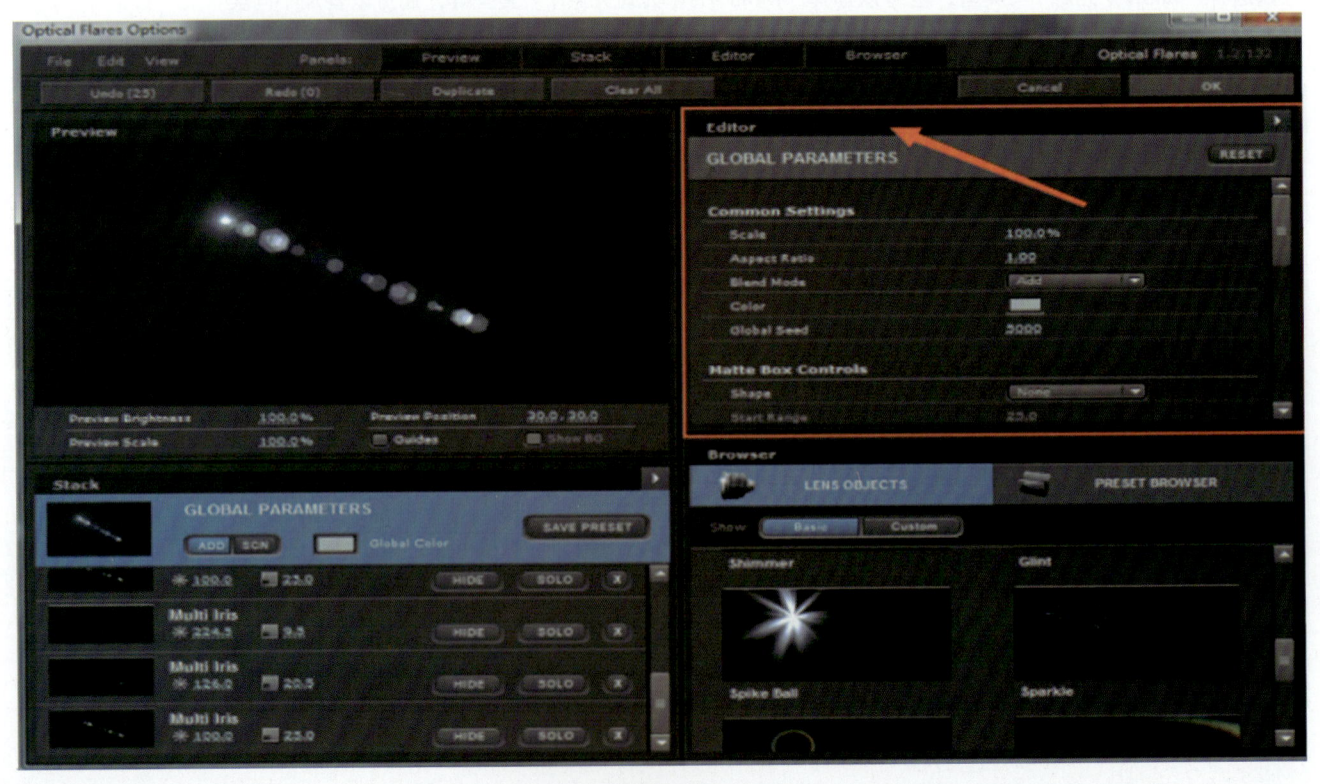

图 11-9

（9）参数设置完成后，单击右上角的"OK"按钮，就可以保存修改，如图 11-10 所示。

（10）保存成功后，即可在合成预览窗口查看设置的光效效果了，如图 11-11 所示。

图 11-10

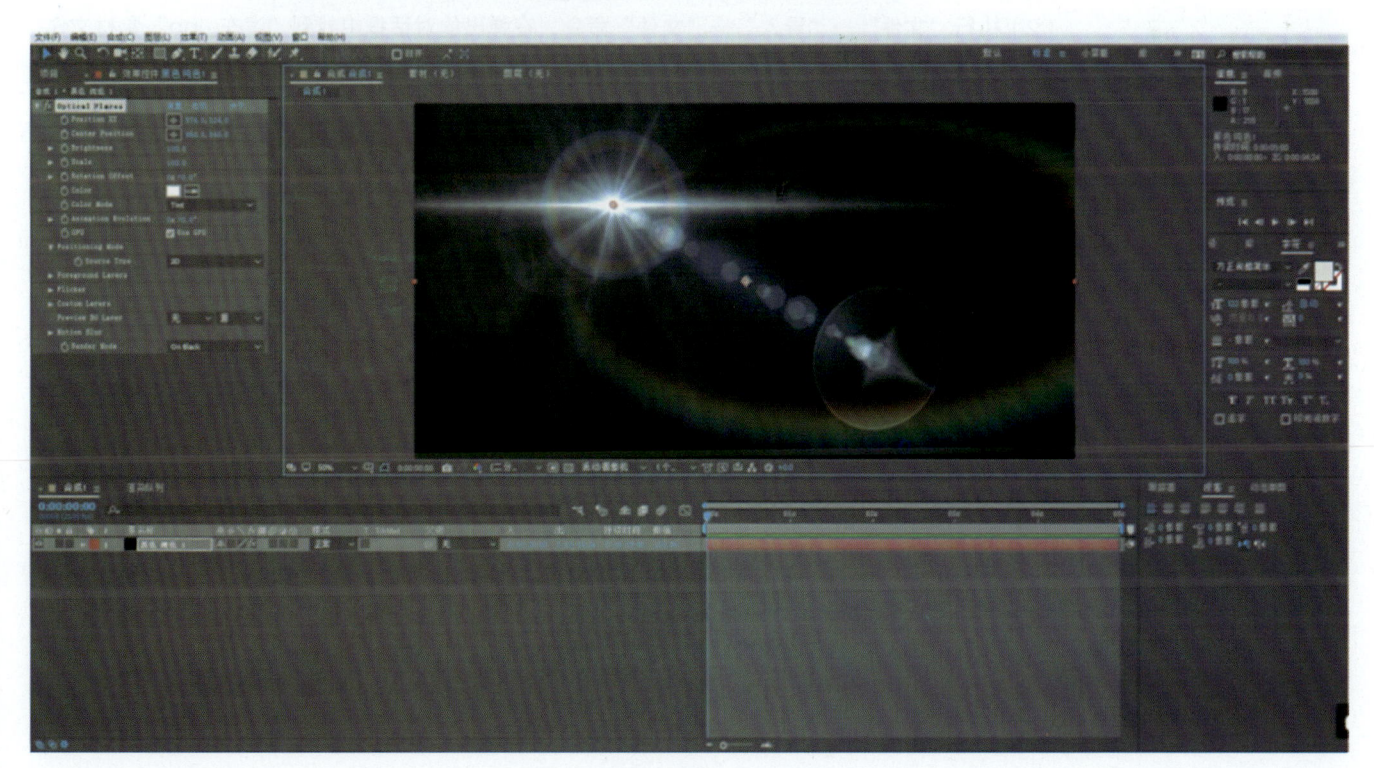

图 11-11

11.3　基础案例：炫酷汽车

（1）打开 AE 软件，新建一个合成项目，如图 11-12 所示。

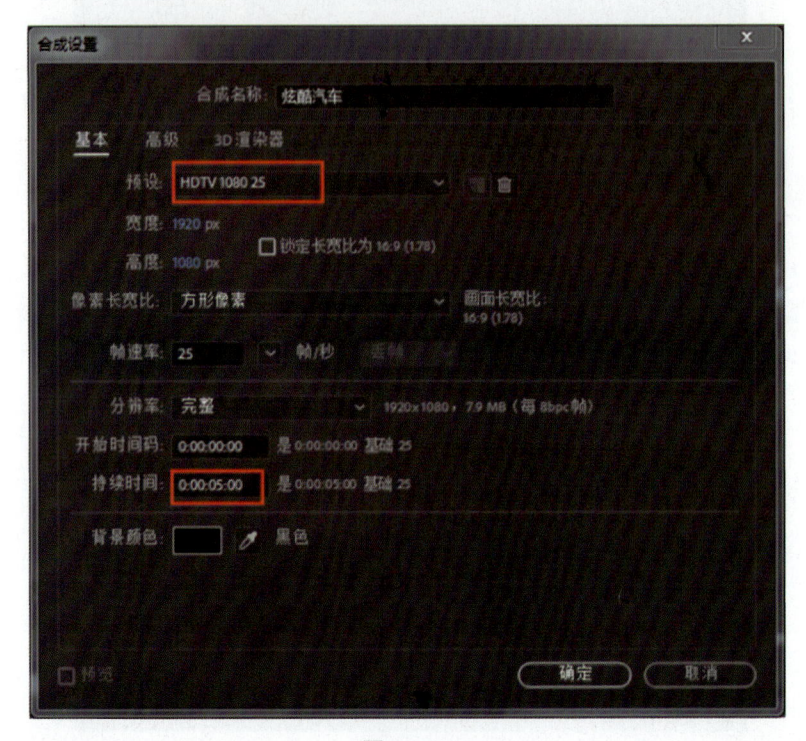

图 11-12

（2）执行"文件"→"导入"→"文件"命令，在弹出的对话框中找到"汽车 .jpg"素材文件，单击"导入"按钮即可，如图 11-13 所示。

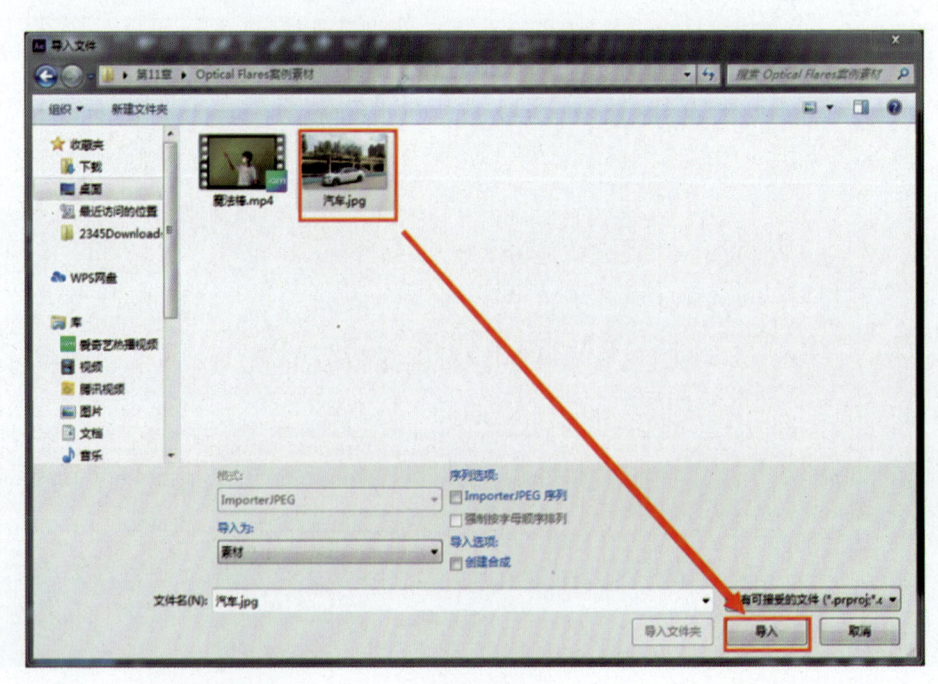

图 11-13

第 11 章　插件——光效插件 Optical Flares　143

（3）将素材库中的"汽车.jpg"拖入"时间线"窗口，在"预览"窗口可以看到，导入的图片与合成屏幕大小不一致，执行"图层"→"变换"→"适合复合"命令即可，如图 11-14 所示。

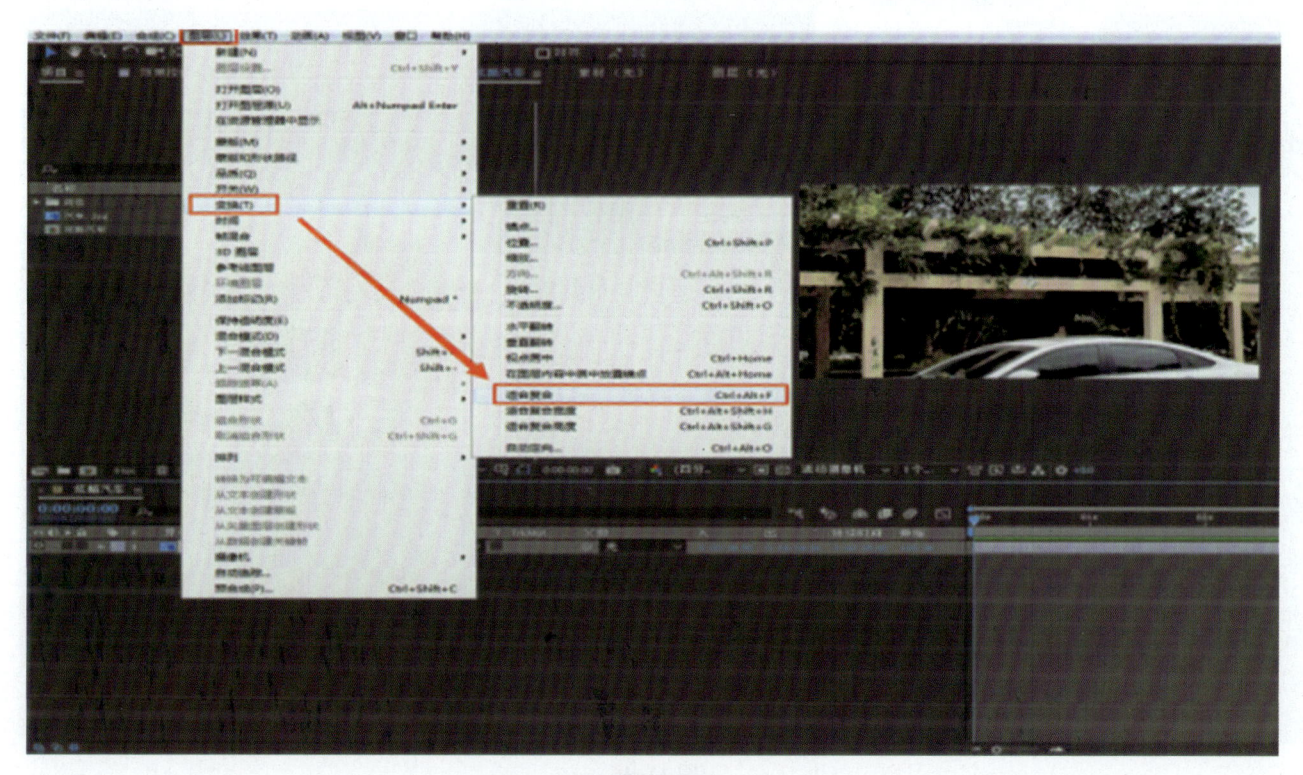

图 11-14

（4）在"时间线"窗口，新建"调整图层"，如图 11-15 所示。

图 11-15

（5）为"调整图层1"添加"Optical Flares"效果，如图11-16所示。

图 11-16

（6）在"效果控件"面板中，选择底部的"在原始"（Over Original），这样黑色背景就消失了，光效即可在图片上显示，如图11-17所示。

（7）单击"选项"（Option）按钮弹出"Optical Flares Options"对话框，即可调节参数。

（8）在右下角"浏览器"面板中添加"Streak"光效，如图11-18所示。

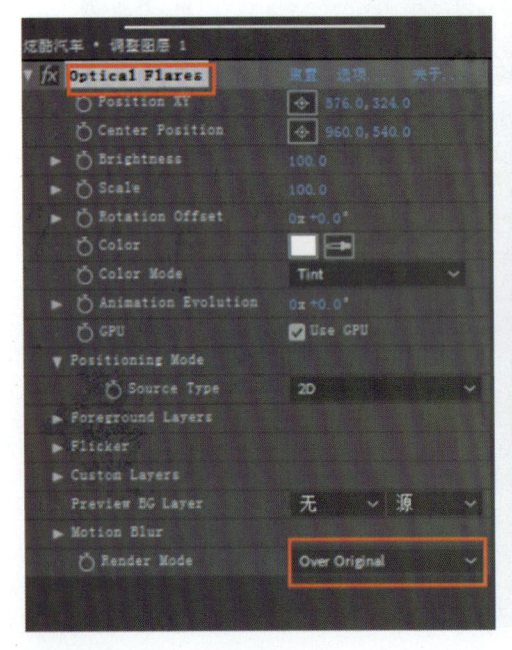

图 11-17　　　　　　　　　　　　　　　　　图 11-18

（9）在左下角的"堆栈"面板中"隐藏"（HIDE）不需要的参数，如图11-19所示。

（10）在右上角的"编辑"面板中设置光效的大小和颜色，如图11-20所示。

图 11-19　　　　　　　　　　　　　　　图 11-20

（11）单击右上角的"OK"按钮退出"Optical Flares Options"对话框即可。

（12）在"预览"窗口可以看到已经添加上光效，如图11-21所示。

图 11-21

（13）在效果控制区中找到"Optical Flares"效果的位置选项，调节光效的位置，使其和车轮对齐，如图11-22所示。

146 第 11 章 插件——光效插件 Optical Flares

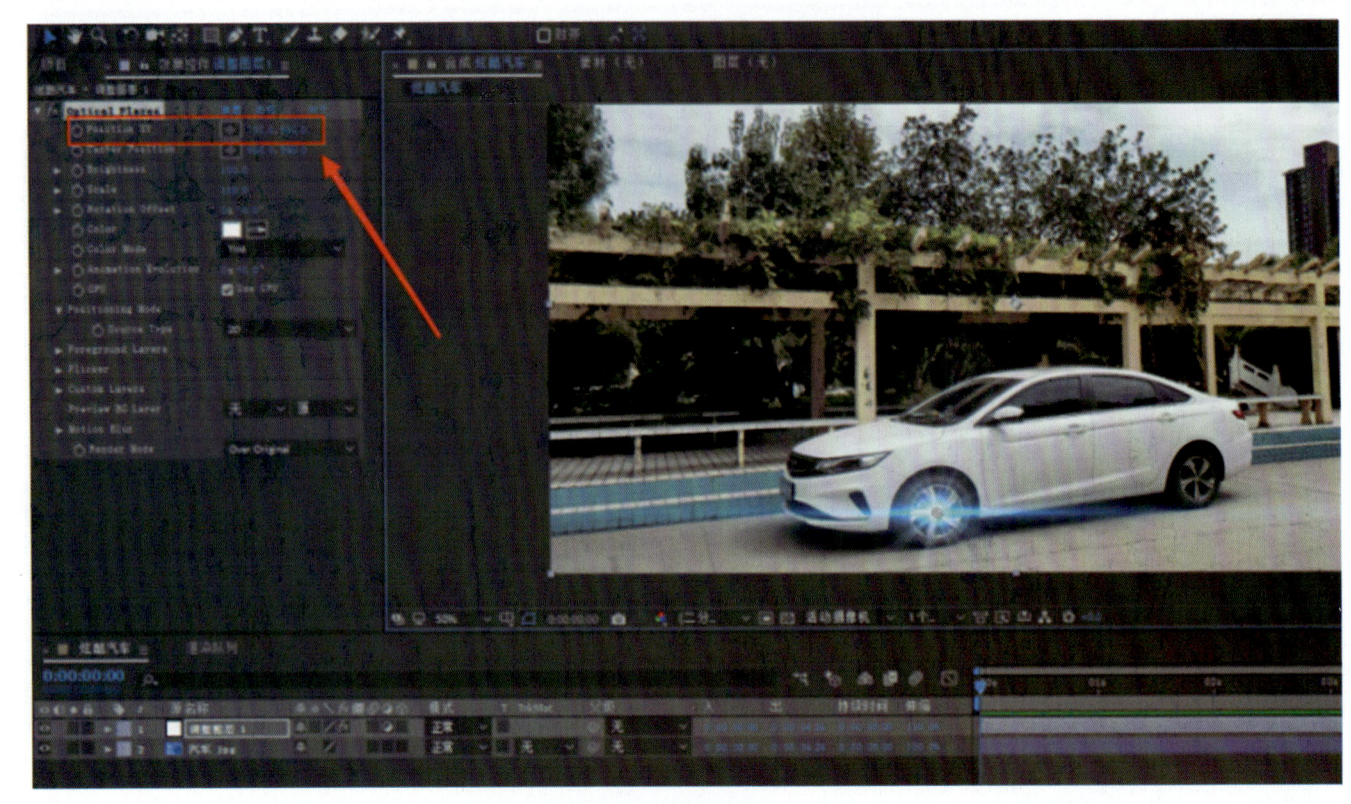

图 11-22

（14）制作光效亮度关键帧动画，在"时间线"面板中将时间滑块放到 0 秒处，设置亮度（Brightness）为 30，在 1 秒处设置为 90，在 1.15 秒处设置为 80，在 2 秒处设置为 30，以此类推重复设置关键帧，如图 11-23 所示。

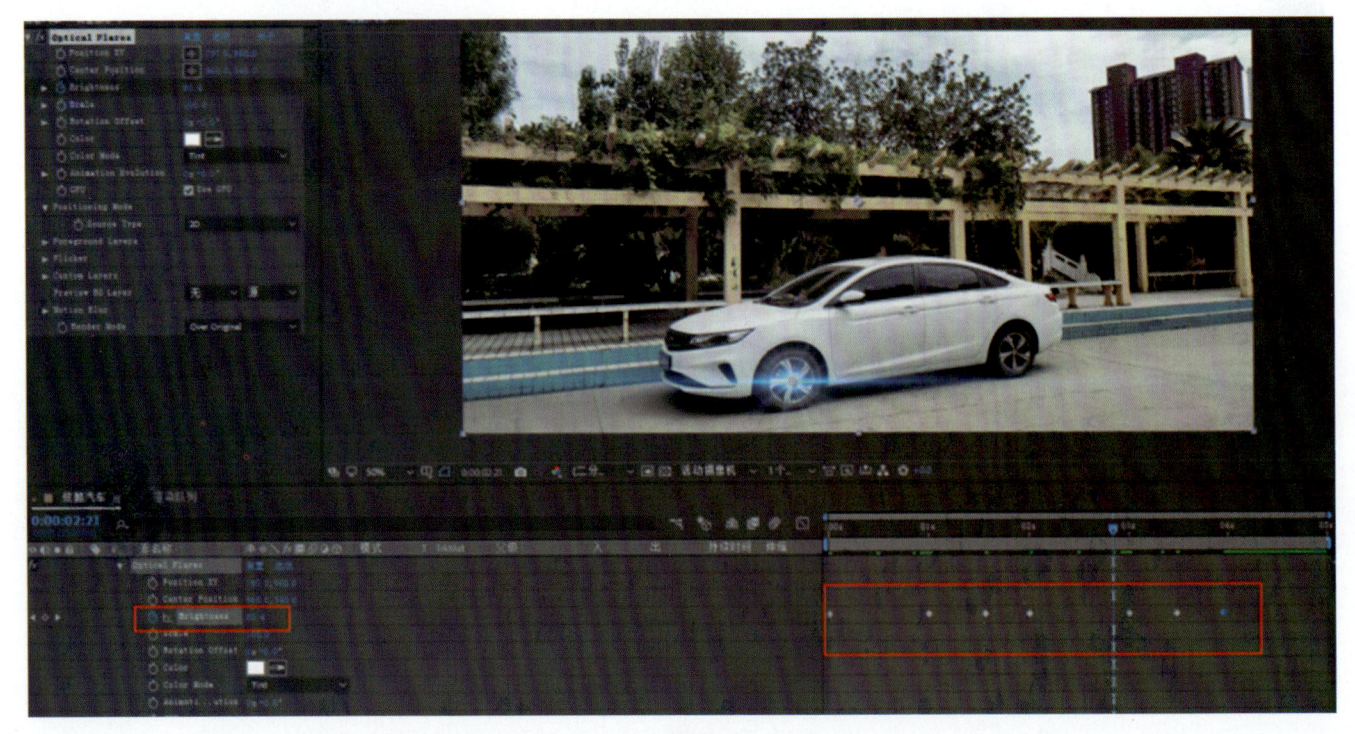

图 11-23

（15）至此，一个车轮的光效由暗到亮的闪烁效果制作完毕，在"预览控制台"面板中单击"播放"按钮观看效果，适当调节修改。

（16）制作另一个车轮的光效效果，选择"时间线"面板中的"调整图层1"，按Ctrl+D组合键复制一个，调整光效位置即可，如图11-24所示。

图 11-24

（17）至此，案例全部制作完成，可以单击"预览控制台"面板中的"播放/停止"按钮对合成进行预览，效果满意后直接渲染导出影片即可，如图11-25所示。

图 11-25

11.4 进阶案例：发光场景

（1）导入素材文件"发光场景"，如图 11-26 所示。

（2）将素材下拉至新建合成，如图 11-27 所示。

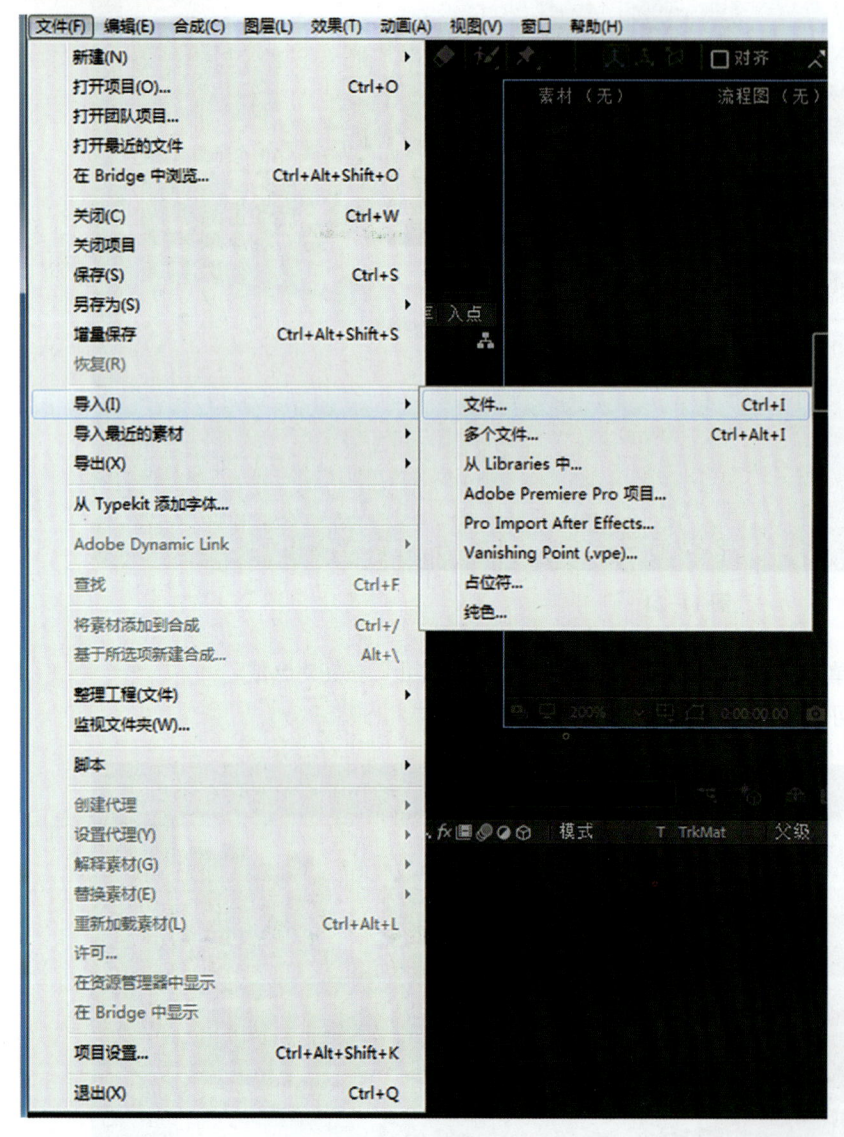

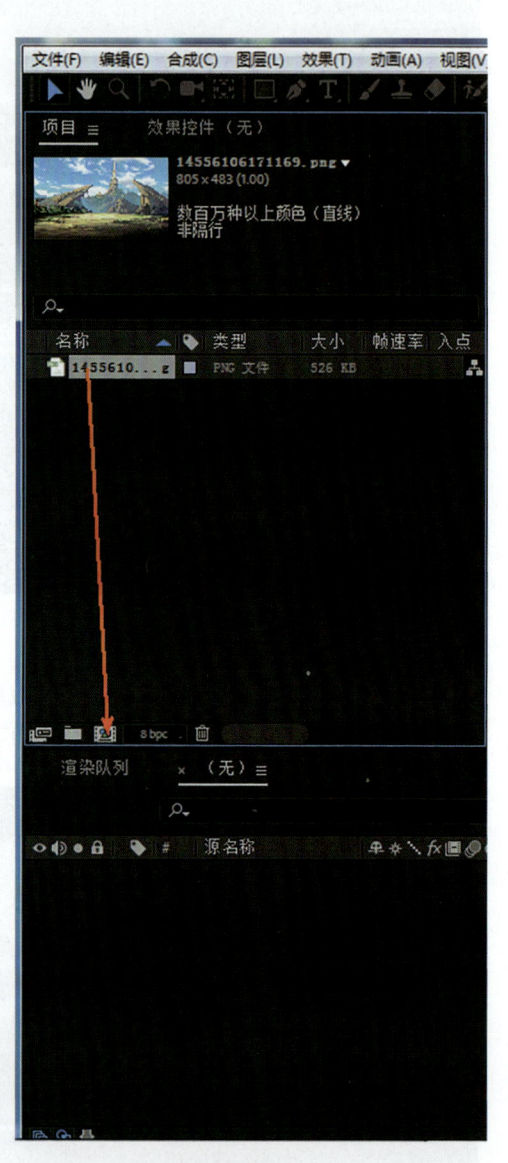

图 11-26

图 11-27

（3）执行"效果"→"颜色矫正"→"曲线"命令，如图 11-28 所示。

（4）在弹出的"曲线"对话框中调整通道颜色为"蓝色"，如图 11-29 所示。

（5）执行"效果"→"颜色校正"→"色相/饱和度"命令，如图 11-30 所示。

（6）在"色相/饱和度"面板中调整"主色相""主饱和度"和"主亮度"，如图 11-31 所示。

（7）执行"图层"→"新建"→"形状图层"命令，如图 11-32 所示。

（8）单击选择"星形"，绘制"形状图层"，如图 11-33 所示。

（9）将"星形"的"形状图层"复制多个，如图 11-34 所示。

第 11 章 插件——光效插件 Optical Flares 149

图 11-28

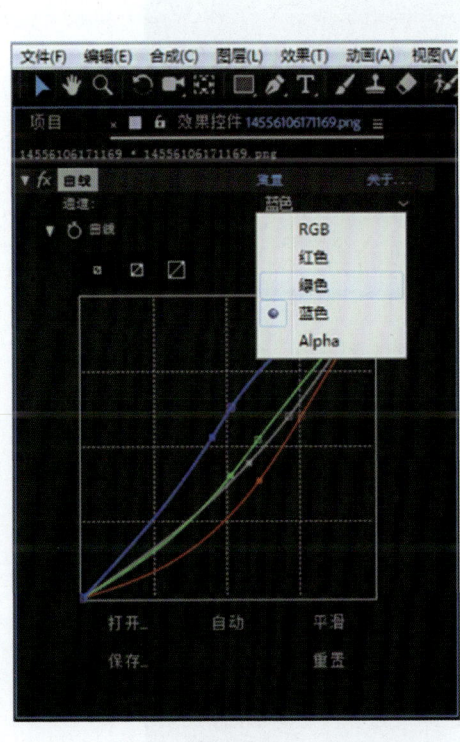

图 11-29    图 11-30

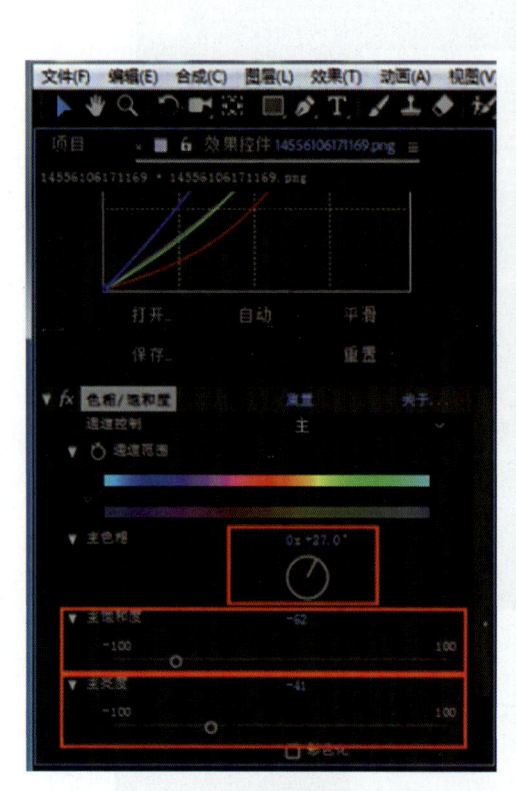

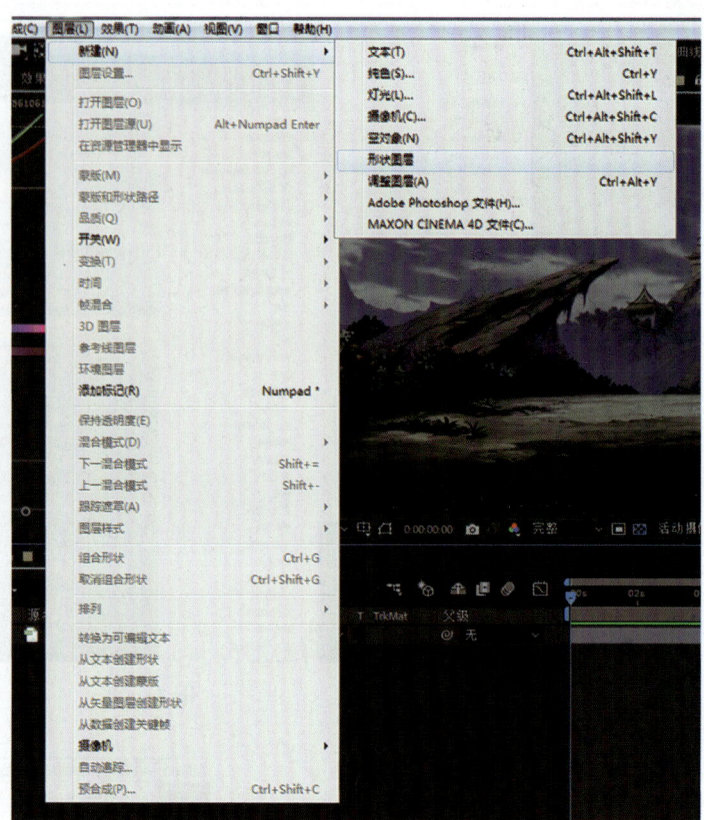

150 ● 第 11 章　插件——光效插件 Optical Flares

图 11-31

图 11-32

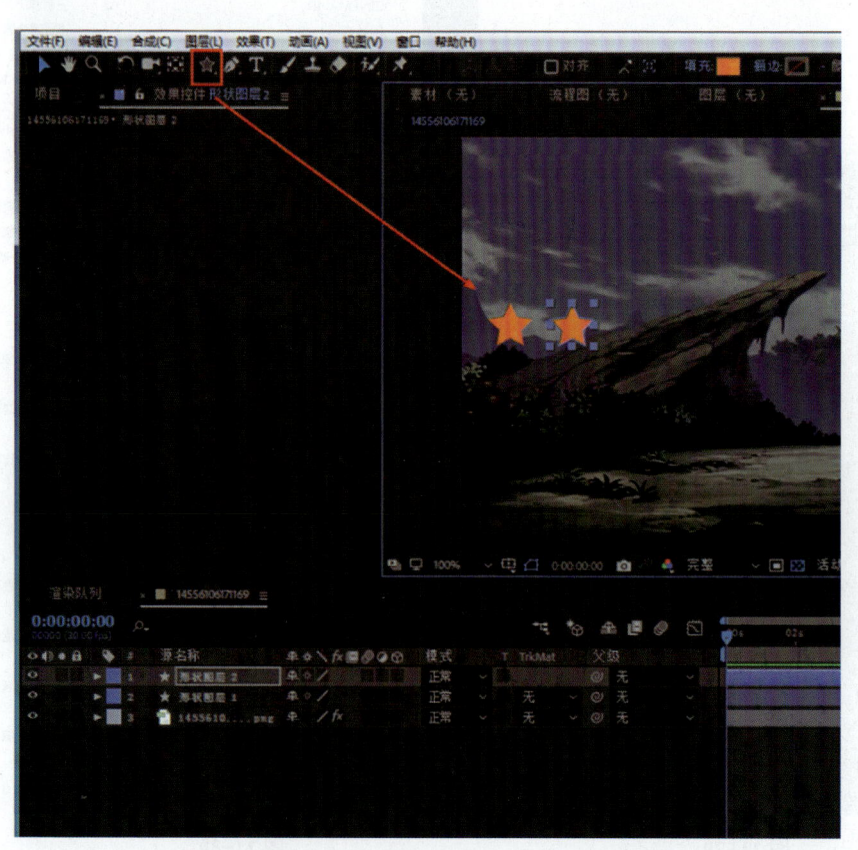

图 11-33

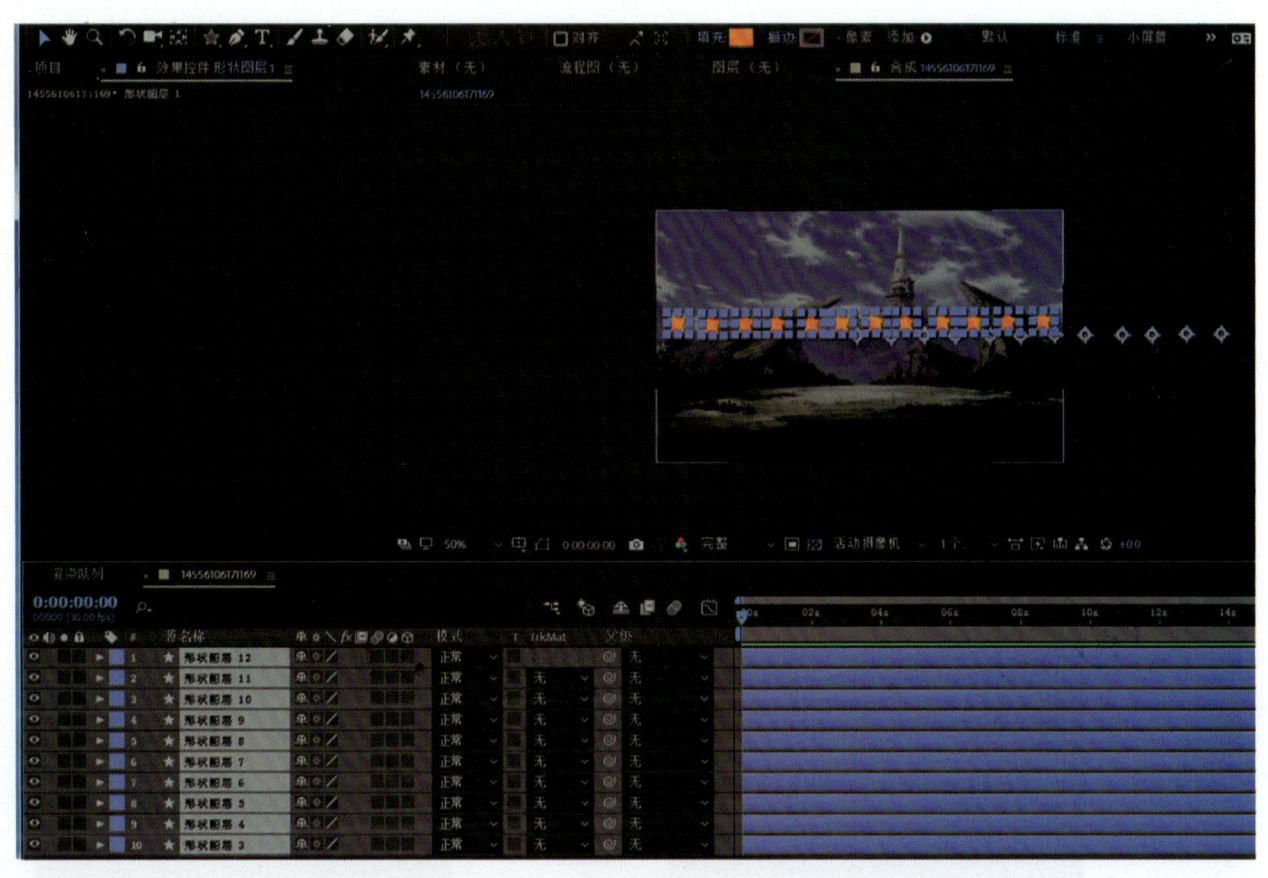

图 11-34

（10）将多个"星形"的"形状图层"合成一个"预合成"，如图 11-35 所示。

图 11-35

（11）执行"效果"→"生成"→"填充"命令，如图 11-36 所示。

（12）单击"填充"→"颜色"右边的拾色吸管，在弹出的"颜色"对话框中选择"蓝色"，如图 11-37 所示。

（13）执行"效果"→"透视"→"CC Cylinder"命令，使星星环形布置，如图 11-38 和图 11-39 所示。

（14）在左侧的"CC Cylinder"的效果面板中打开"Rotation"，在下方找到"Rotation X"，调整角度为"+17.0°"，使其产生一定的立体效果，如图 11-40 所示。

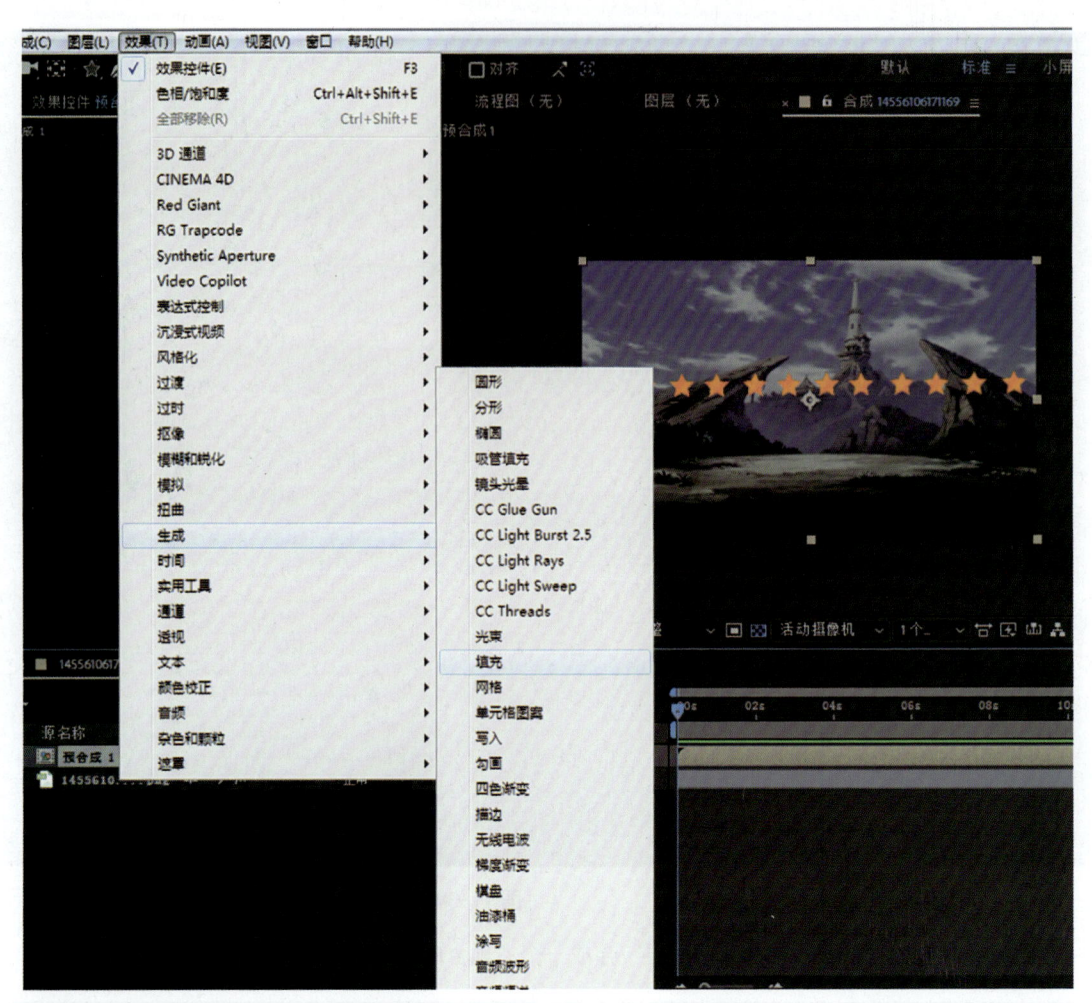

图 11-36

图 11-37

第 11 章　插件——光效插件 Optical Flares　153

图 11-38

图 11-39

图 11-40

（15）将背景图层复制一个，并将复制好的背景图层置于所有图层最上边，利用"钢笔"工具在背景图层上绘制出塔尖的轮廓，并将其剪裁，局部覆盖"星星"图层，如图11-41和图11-42所示。

图 11-41

图 11-42

（16）在"星星"图层与"预合成"图层中打开"效果"中的"CC Cylinder"，在"Rotation"下方找到"Rotation Y"，调整角度可以产生绕Y轴旋转的效果，如图11-43所示。

（17）在第0帧的时候打上关键帧，调整Y轴旋转圈数为2圈，并在视频最后一帧处打上关键帧，如图11-44所示。

（18）执行"效果"→"风格化"→"发光"命令，使星星产生发光效果，如图11-45所示。

（19）调整左侧效果栏中的"发光阈值"为"43.9%"，"发光半径"为"21.0"，如图11-46和图11-47所示。

（20）继续调整图层的不透明度为"76%"，如图11-48和图11-49所示。

（21）执行"图层"→"新建"→"形状图层"命令，为画面的其他部分增加光感，如图11-50和图11-51所示。

（22）将绘制出来的新形状合成为一个预合成，如图11-52所示。

（23）在"效果"菜单栏中调整填充颜色，此处选择了"黄色"，也可以选择其他颜色进行填充，如图11-53所示。

第 11 章　插件——光效插件 Optical Flares　155

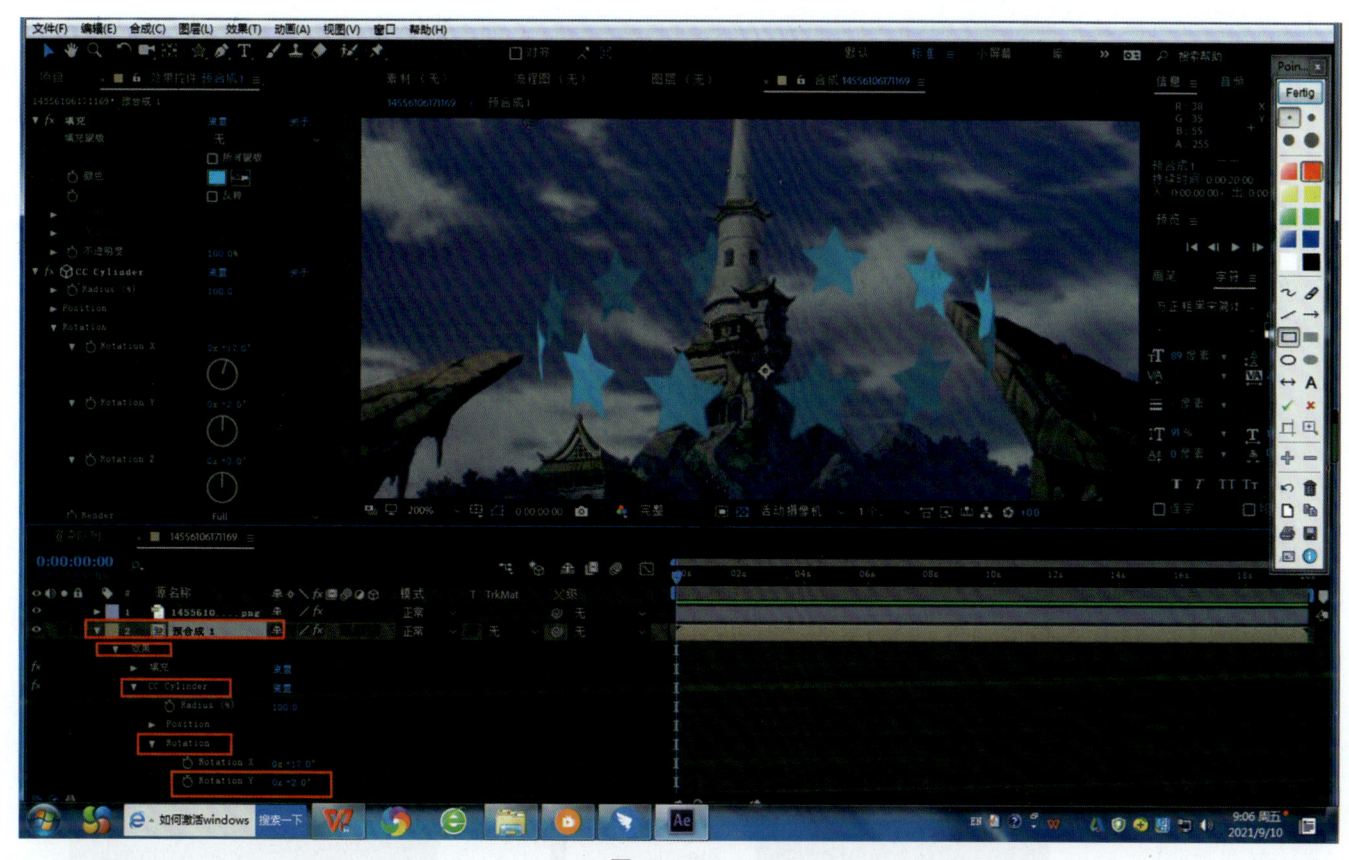

图 11-43

图 11-44

（24）继续调整发光效果，如果调整一次感觉发光效果比较弱，可以重复叠加一个发光效果，如图 11-54 和图 11-55 所示。

（25）再新建一个"形状图层"，为建筑物窗户增加发光效果，如图 11-56 和图 11-57 所示。

（26）为窗户层增加发光效果，如图 11-58 和图 11-59 所示。

（27）新建一个黑色的纯色图层，执行"效果"→"Video Copilot"→"Optical Flares"命令，为图层增加光效，如图 11-60 和图 11-61 所示。

（28）在弹出的"Optical Flares Options"对话框中选择一个光效，如图 11-62 所示。

（29）在这个纯色图层右侧的模式中选择"相加"，如图 11-63 所示。

（30）左侧效果栏中的"Optical Flares"面板下方的"Brightness"参数调整为"60"，调整光晕的强度，然后手动拖住光晕的加号符号，调整其位置，如图 11-64 所示。

（31）"左光效"图层下方的"Rotation Offset"中为第 0 帧打上关键帧，在最后一帧处打上关键帧，调整转动的圈数为"2X"，即转 2 圈，完成最后的效果，如图 11-65 所示。

156 ● 第 11 章　插件——光效插件 Optical Flares

图 11-45

图 11-46

图 11-47

第 11 章　插件——光效插件 Optical Flares　157

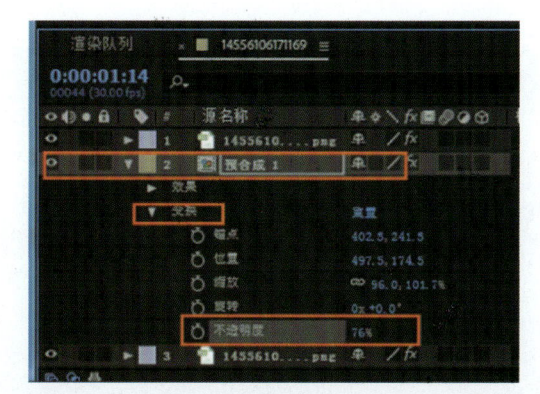

图 11-48

图 11-49

图 11-50

158 第 11 章 插件——光效插件 Optical Flares

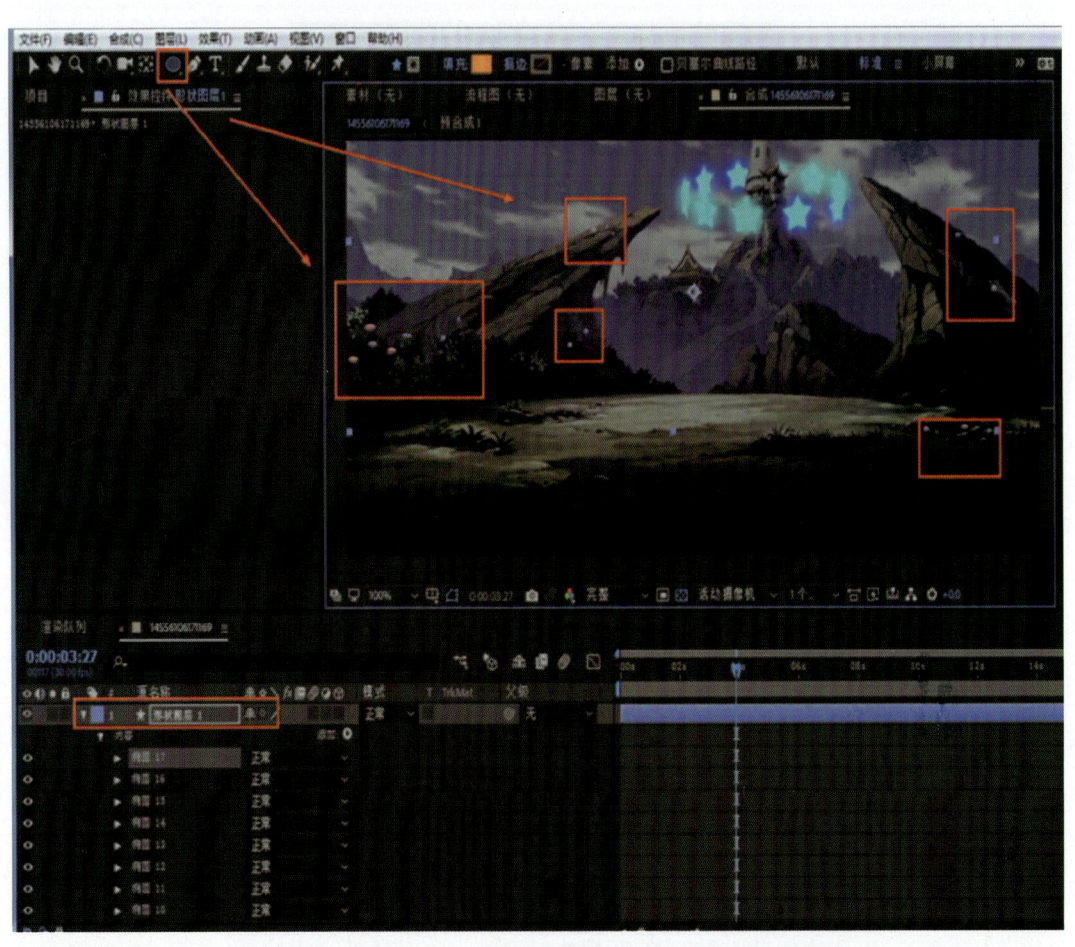

图 11-51

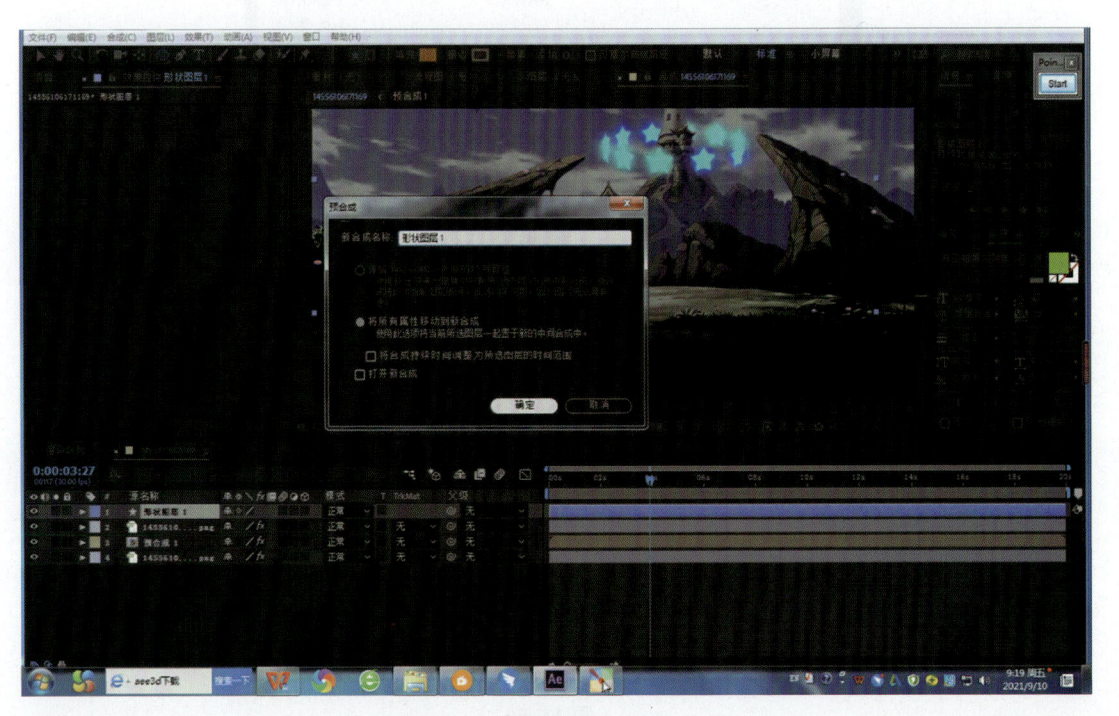

图 11-52

第 11 章　插件——光效插件 Optical Flares　159

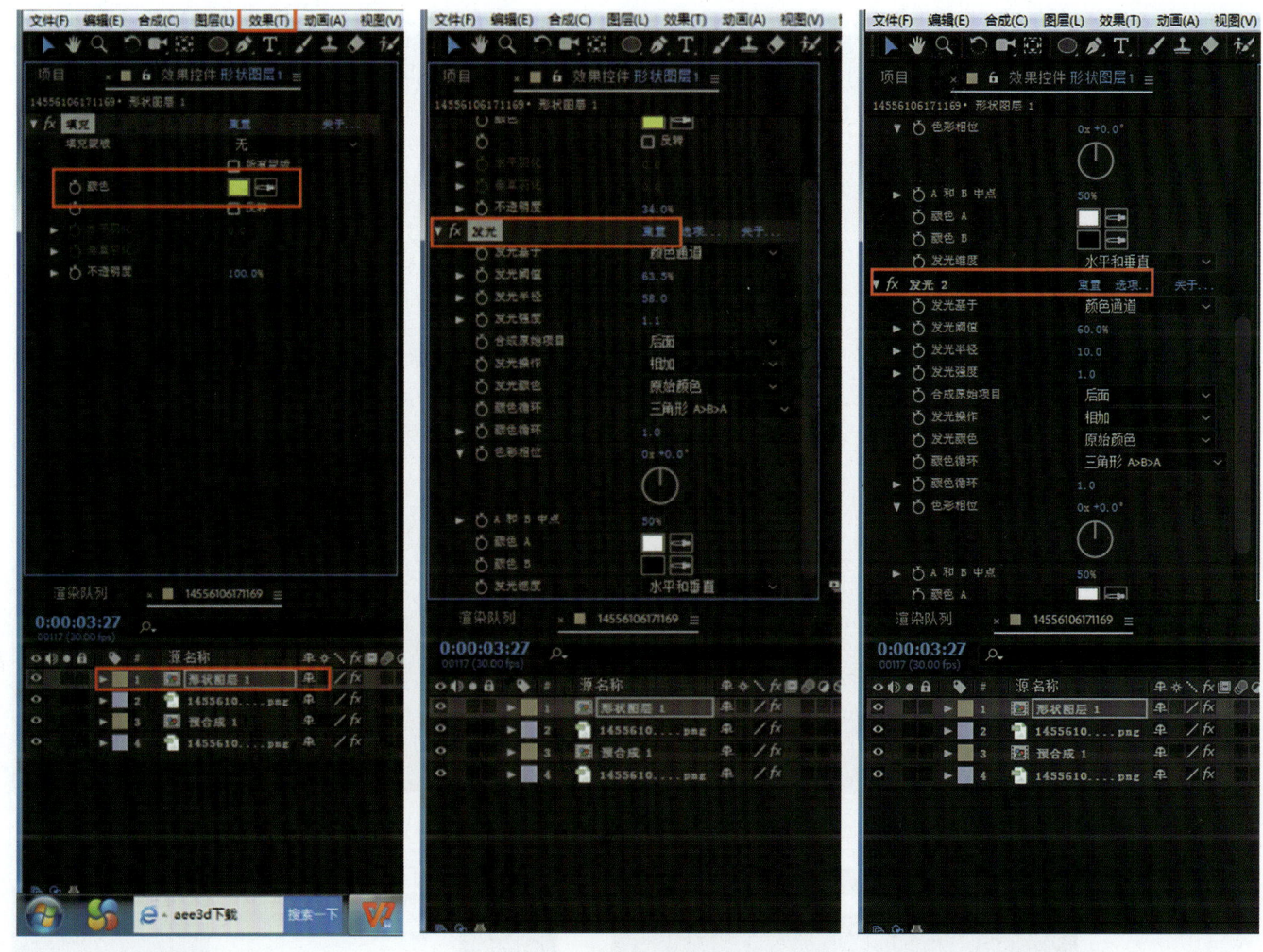

图 11-53

图 11-54

图 11-55

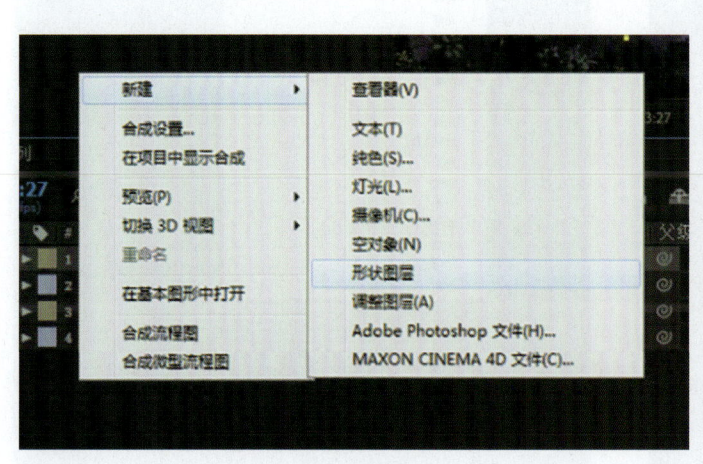

图 11-56

图 11-57

160 ● 第 11 章　插件——光效插件 Optical Flares

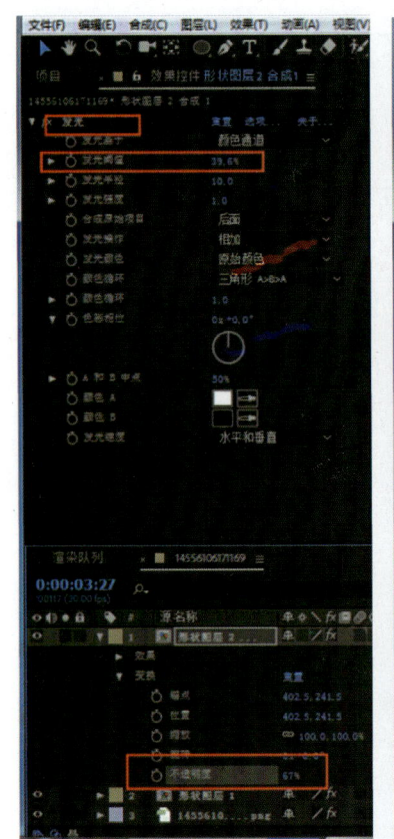

图 11-58

图 11-59

图 11-60

图 11-61

第 11 章　插件——光效插件 Optical Flares　161

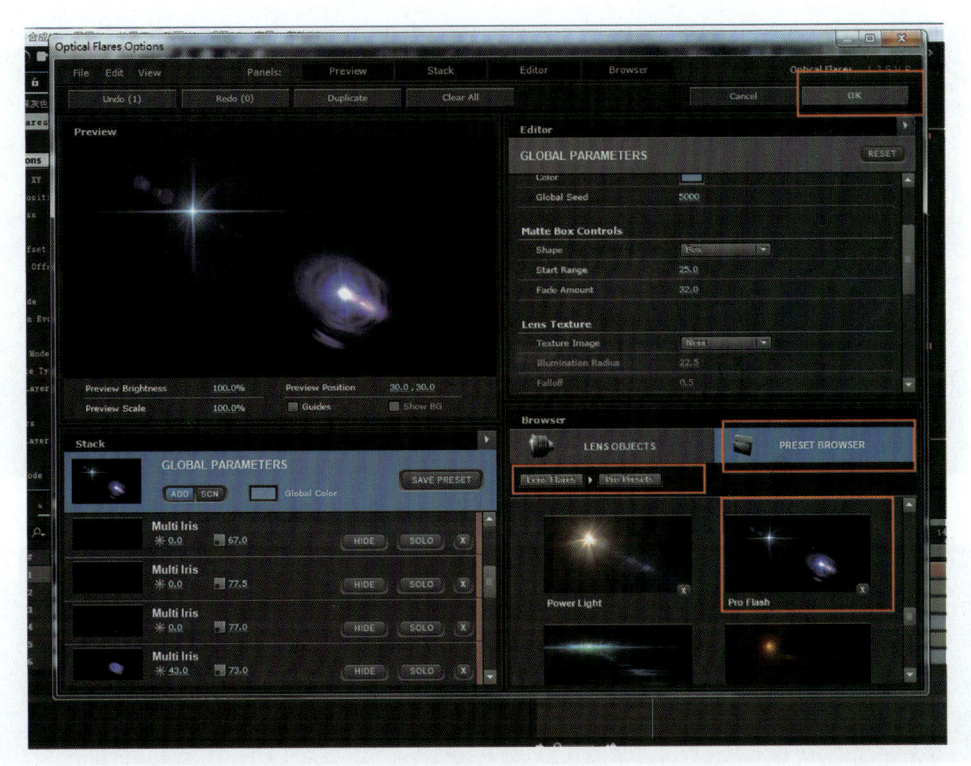

图 11-62

图 11-63

162　第 11 章　插件——光效插件 Optical Flares

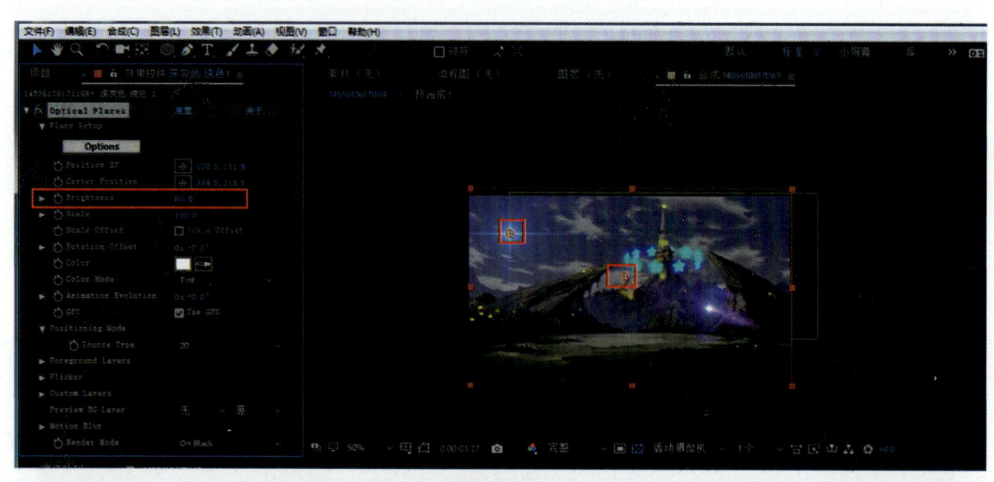

图 11-64

图 11-65

学习效果评估

完成本章内容的学习后，你对自己的学习情况是怎样评价的，请扫码完成下面的学习效果评估表。

职场小知识

影视后期光效制作总监岗位职责：

1. 负责后期光效特效部门岗位任务的总体协调和安排，负责光效技术的选取和实施，制定项目可行性方案。

2. 熟练掌握光效系列插件，能熟练运用 AE 软件结合相关软件完成镜头的光效合成，负责后期粒子技术路线指导。

3. 独立完成镜头常见光效与合成。

4. 负责光效制作模板，为公司储备光效模板。

5. 精通 AE 软件的各个模块并能熟练运用相关软件插件。

CHAPTER TWELVE

第 12 章　插件——粒子插件 Trapcode Particular

本章导读

　　本章主要讲解 AE 软件粒子插件 Trapcode Particular 的基本操作方法和使用技巧，影视后期制作离不开粒子特效，如烟雾、火焰燃烧、火星、雨雪等特效，不但能使制作出的视频更加炫酷有魅力，也能大大提高工作效率。AE 软件也有自带的粒子插件，但来自第三方的粒子插件 Trapcode Particular 可操控性更强，因此本章将详细讲解 Trapcode Particular 的具体使用方法并结合典型的案例进行有针对性的讲解。通过本书的学习，学生能掌握粒子插件 Trapcode Particular 的使用方法。

学习目标

1. 知识目标

了解粒子插件 Trapcode Particular 的相关知识，认识和使用粒子插件"Trapcode Particular"面板各个区域的具体功能。

2. 能力目标

能够按照任务要求，独立添加粒子特效，使作品效果更加丰富多彩。

3. 素养目标

培养学生独立面对问题、解决问题的能力和独立思考的能力；增强学生的职场适应能力，培养学生面对问题时做出正确的判断和选择的能力。

12.1　粒子插件 Trapcode Particular 简介

　　Trapcode Particular 是 AE 软件的一款 3D 特效粒子插件，可以制作各种各样的自然效果，如烟雾、流星、火焰等，也可以制作有机的高科技风格的图形图像，如粒子汇聚图像标题、流光拖尾运动特效等，效果非常炫酷夺目，使用频率很高。Trapcode Particular 部分粒子效果，如图 12-1 所示。

164 第 12 章 插件——粒子插件 Trapcode Particular

图 12-1

由于 Trapcode Particular 是第三方插件，AE 软件并未内置此功能，因此需自行安装使用，本书素材包提供此插件安装程序，供读者参考使用。

12.2 Trapcode Particular 的基本操作

Trapcode Particular 的操作界面清晰明了，功能参数多，在这里主要讲解其基本使用方法。
（1）新建"纯色"图层，并将其设置为纯黑色，如图 12-2 所示。

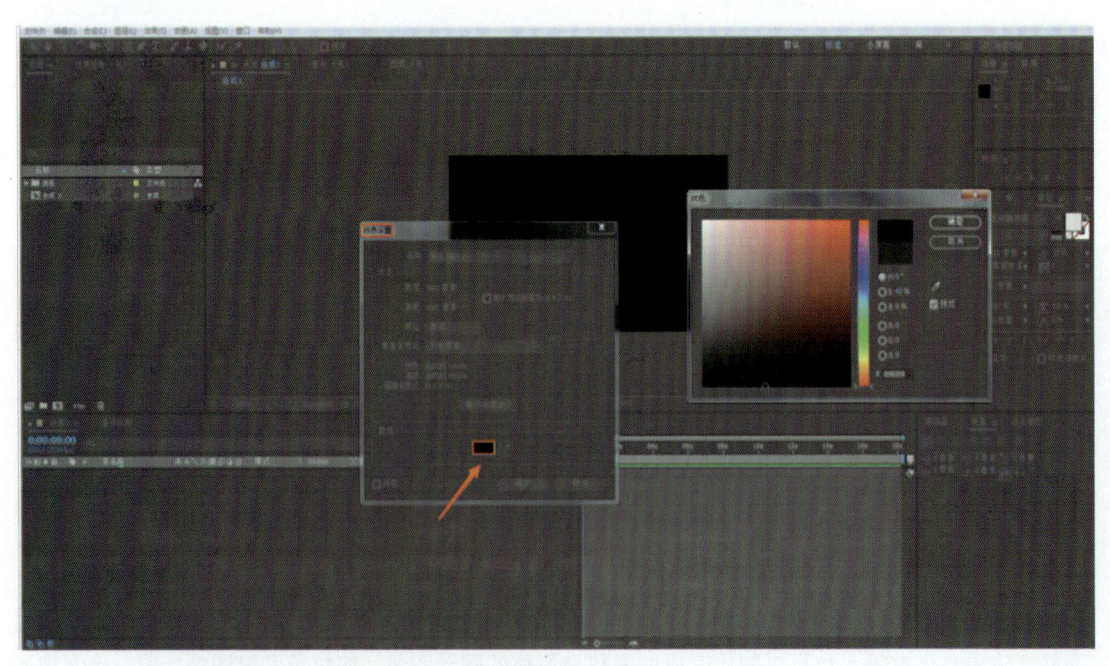

图 12-2

（2）选中"黑色纯色"图层，执行"光效"→"RG Trapcode"→"Particular"命令，为"黑色纯色"图层添加"Particular"效果，如图 12-3 所示。

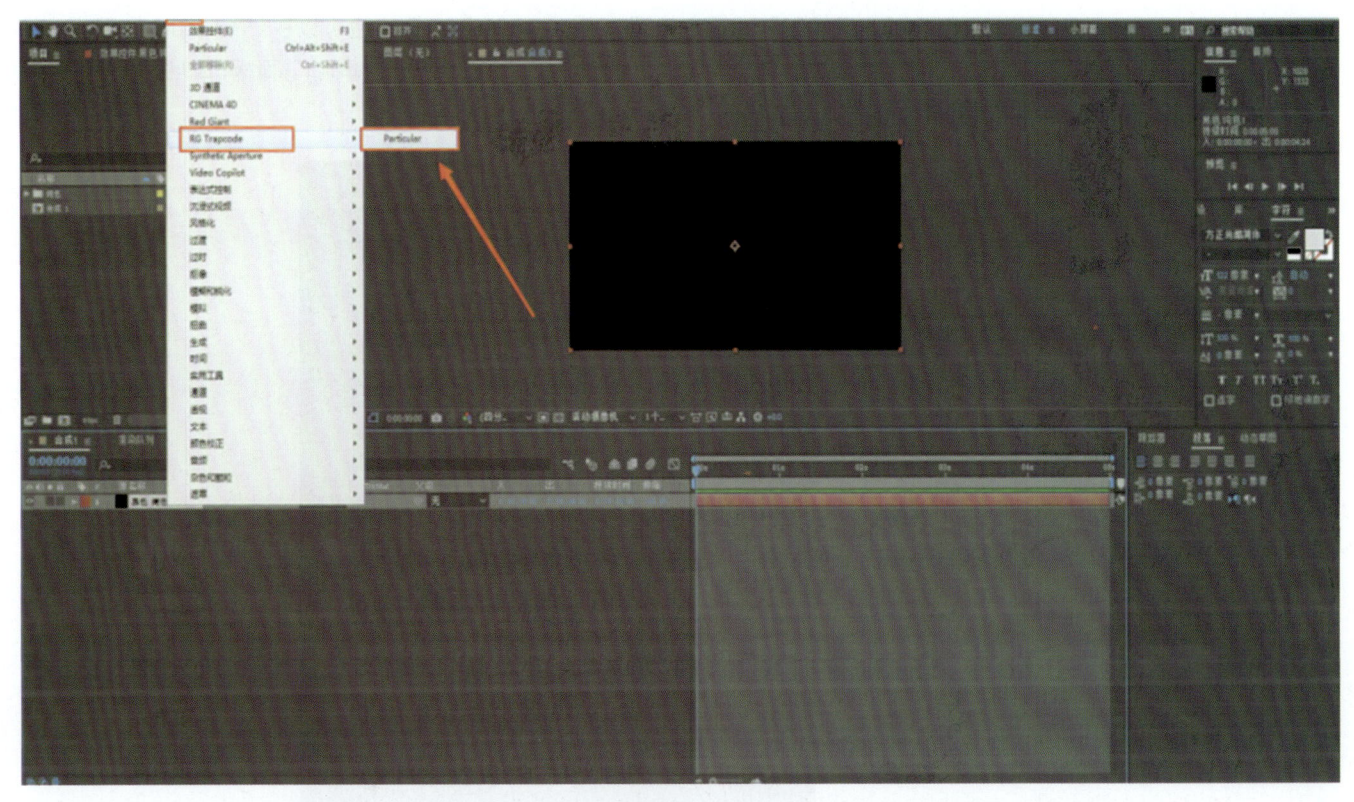

图 12-3

（3）在"效果控制"面板可以看到已经添加上了"Particular"效果，在"时间线"窗口拖动时间线可以实时预览"Particular"产生的粒子动画，可以看到从中心发射的粒子不断向四周扩散，如图 12-4 所示。

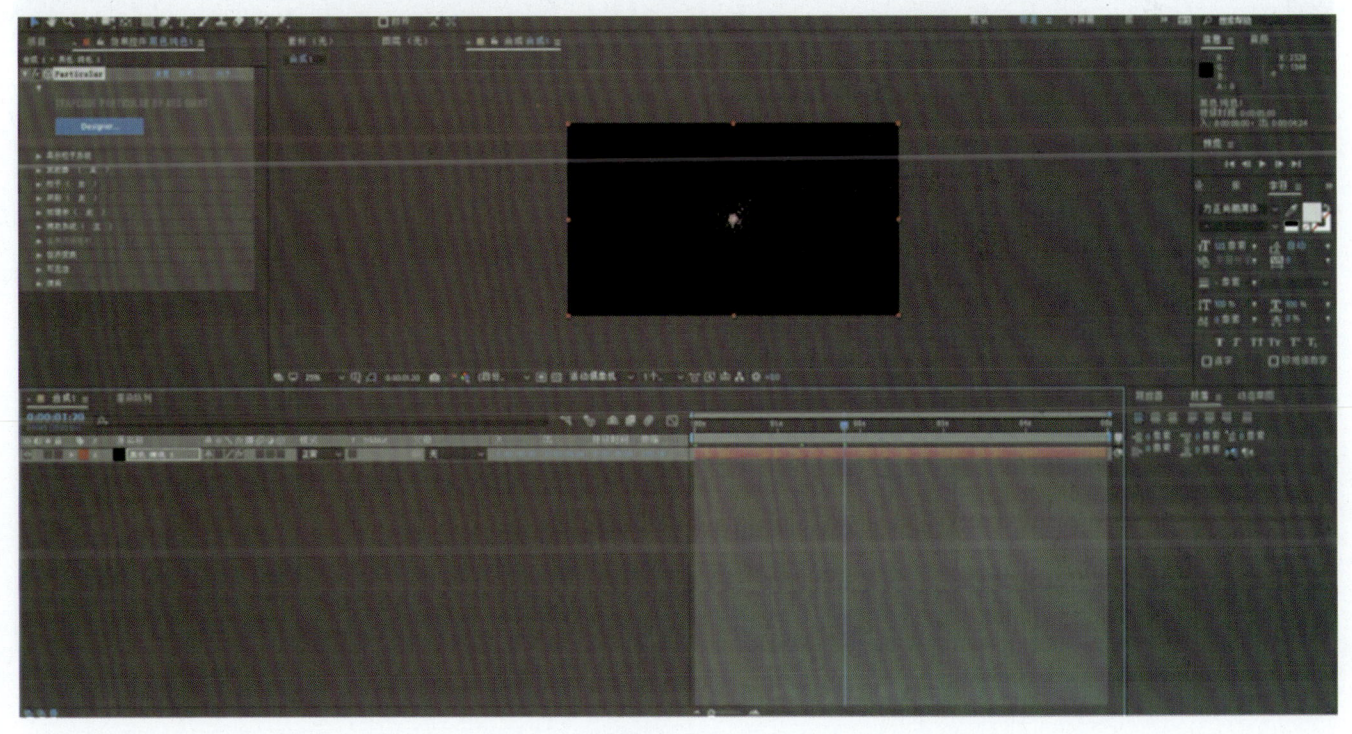

图 12-4

（4）可以在"效果控制"面板直接调节"Particular"参数，也可以在"Particular"面板中调节发射器（主）等基本参数，单击"Designer"按钮，会弹出"Particular"面板，如图 12-5 所示。

（5）"Particular"面板如图 12-6 所示。

图 12-5

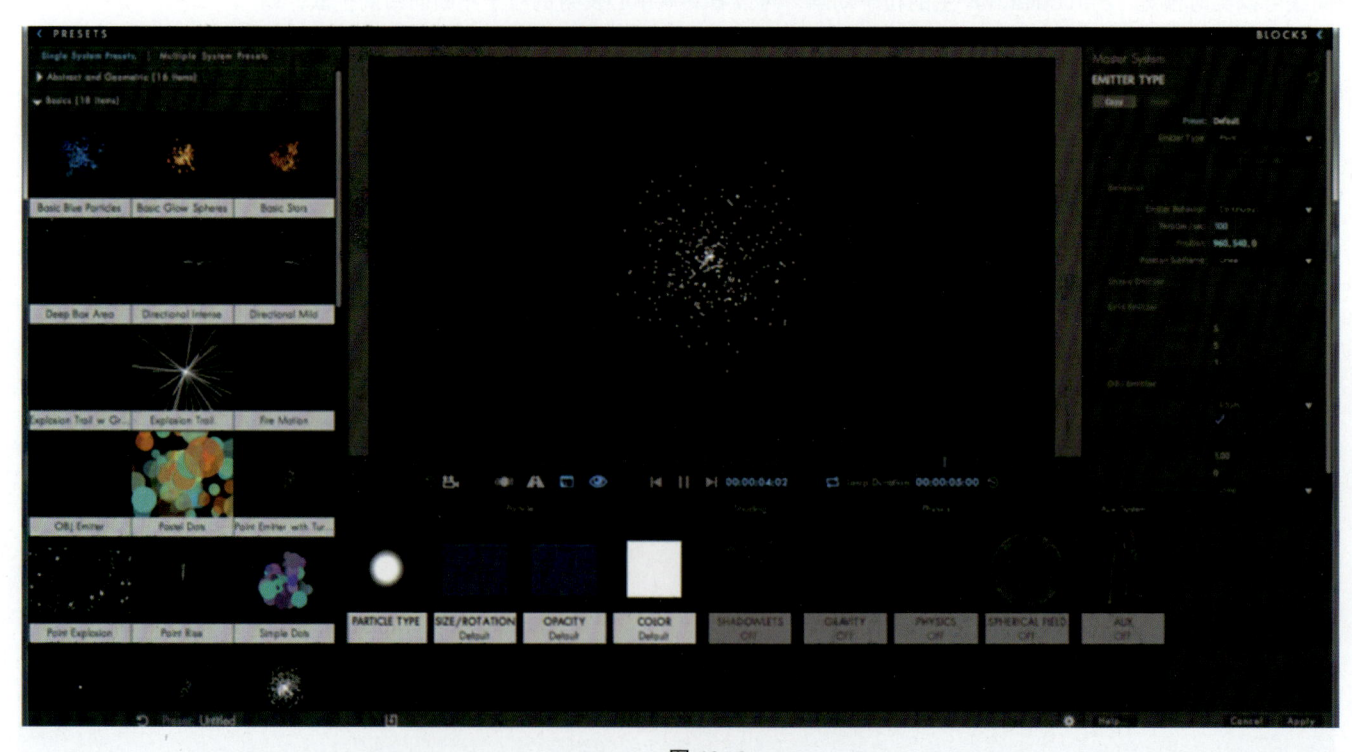

图 12-6

（6）在"Particular"面板中可以选择不同的光效类型，单击左上角的箭头图标，可以打开"预设"面板,选择不同的粒子类型,可以在中间的"预览"窗口实时观看效果,如图 12-7 和图 12-8 所示。

图 12-7

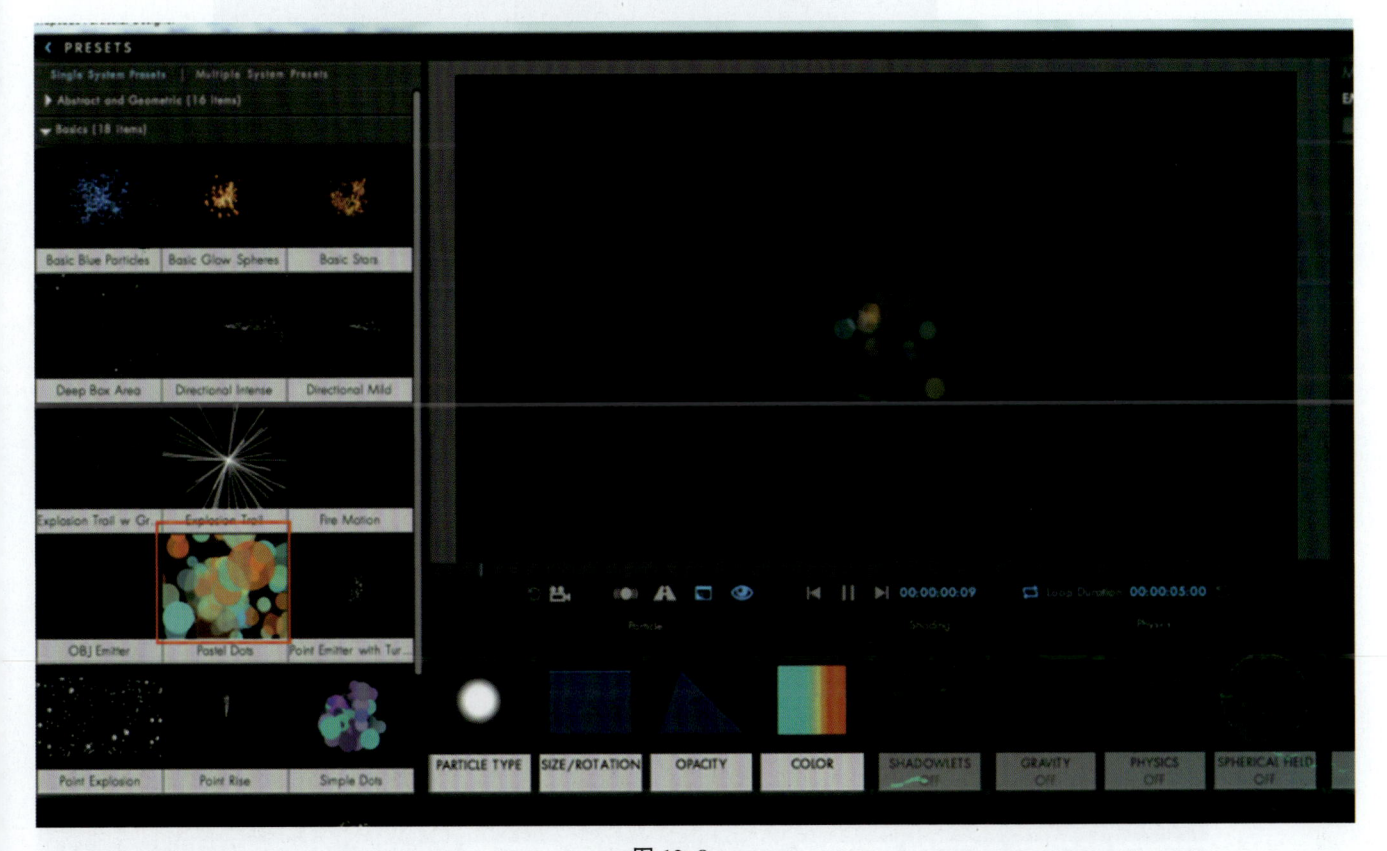

图 12-8

(7)打开右上角的"Blocks"面板,如图 12-9 所示。

(8)在"Blocks"面板中,可以对粒子的"发射器""物理学""颜色"等具体属性进行自定义调节,并自由组合不同风格的粒子动画,操作简单便捷,如图 12-10 所示。

168　第 12 章　插件——粒子插件 Trapcode Particular

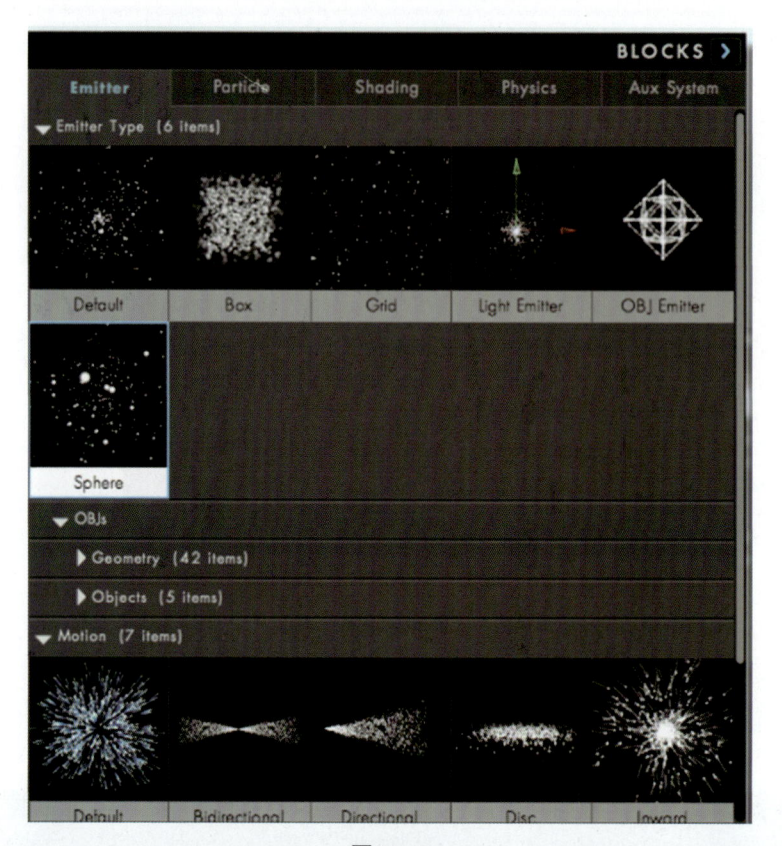

图 12-9

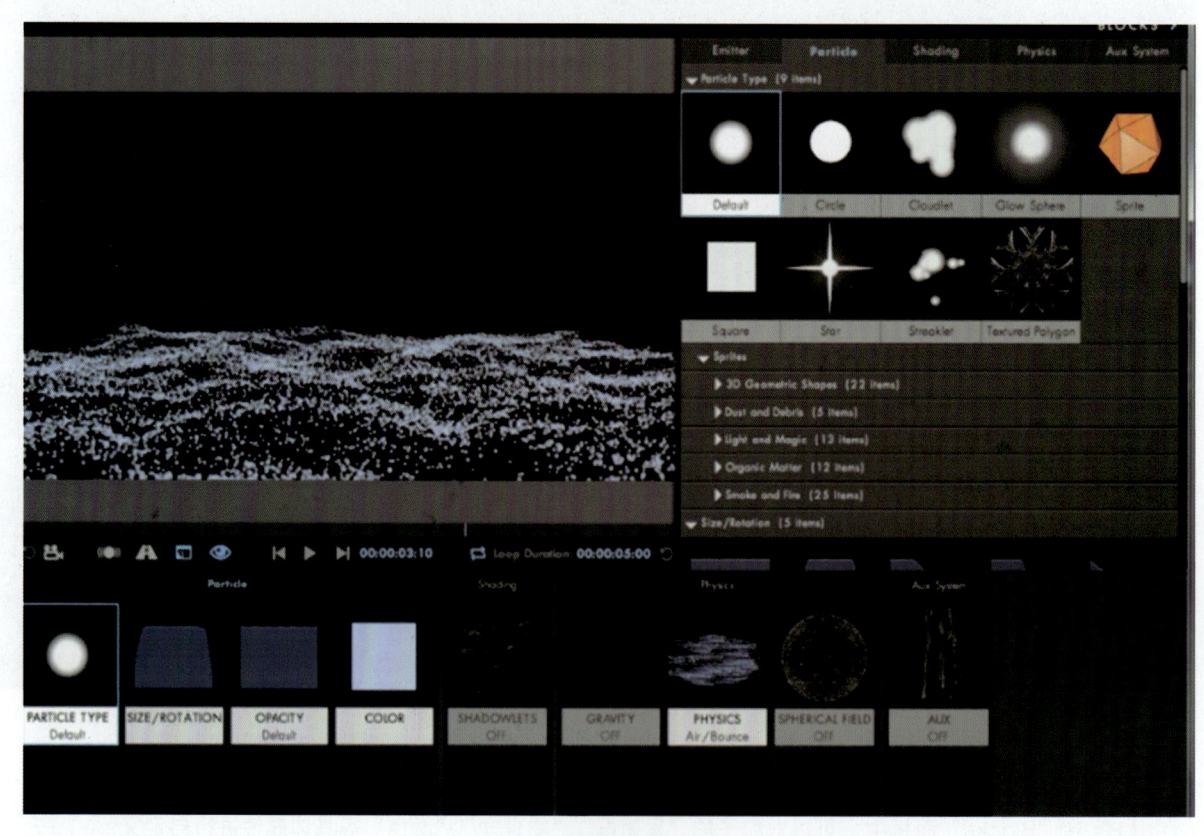

图 12-10

第 12 章　插件——粒子插件 Trapcode Particular　169

（9）预览窗口下方的"属性"面板，单击某组属性，对应的参数即可展开，此时可以自定义设置不同参数，控制粒子的不同效果，如图 12-11 所示。

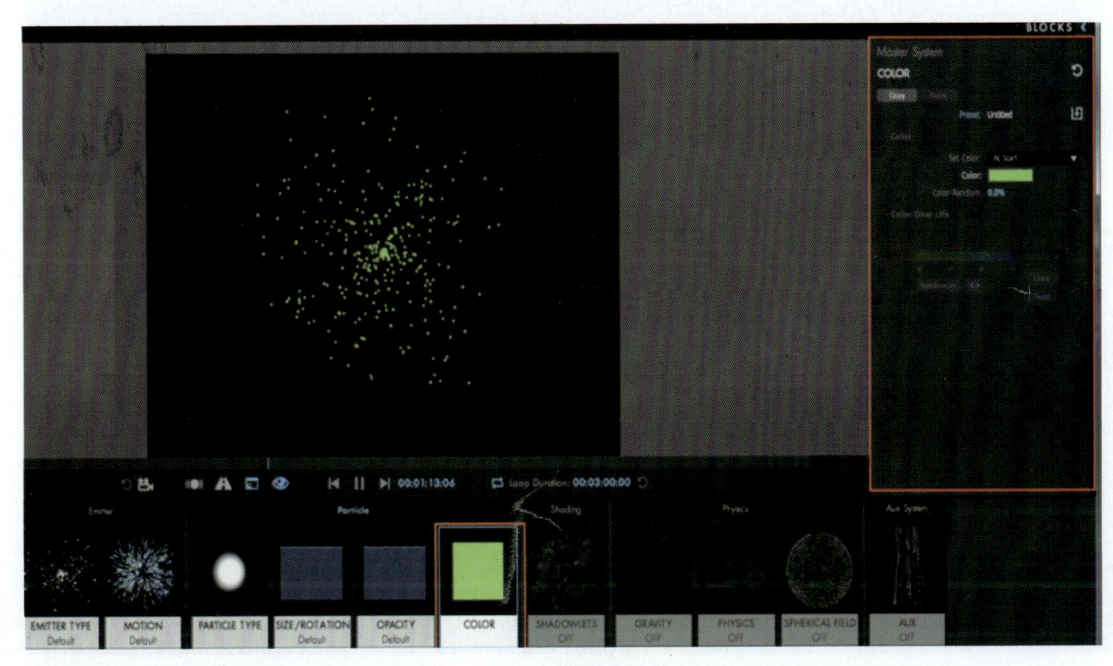

图 12-11

（10）设置好各项参数后，单击面板最右下角的"Apply"按钮，即可保存所调节粒子动画的参数，如图 12-12 所示。

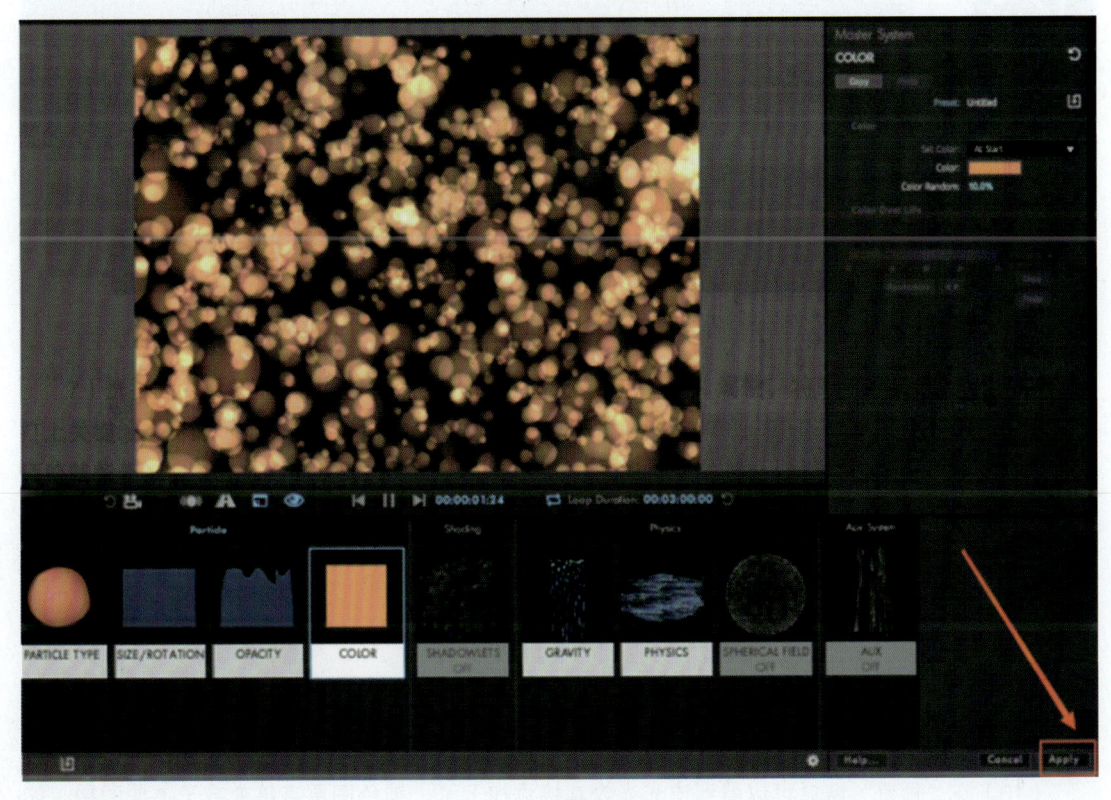

图 12-12

(11)保存参数后，即可在"预览"窗口观看粒子动画效果了，如图12-13所示。

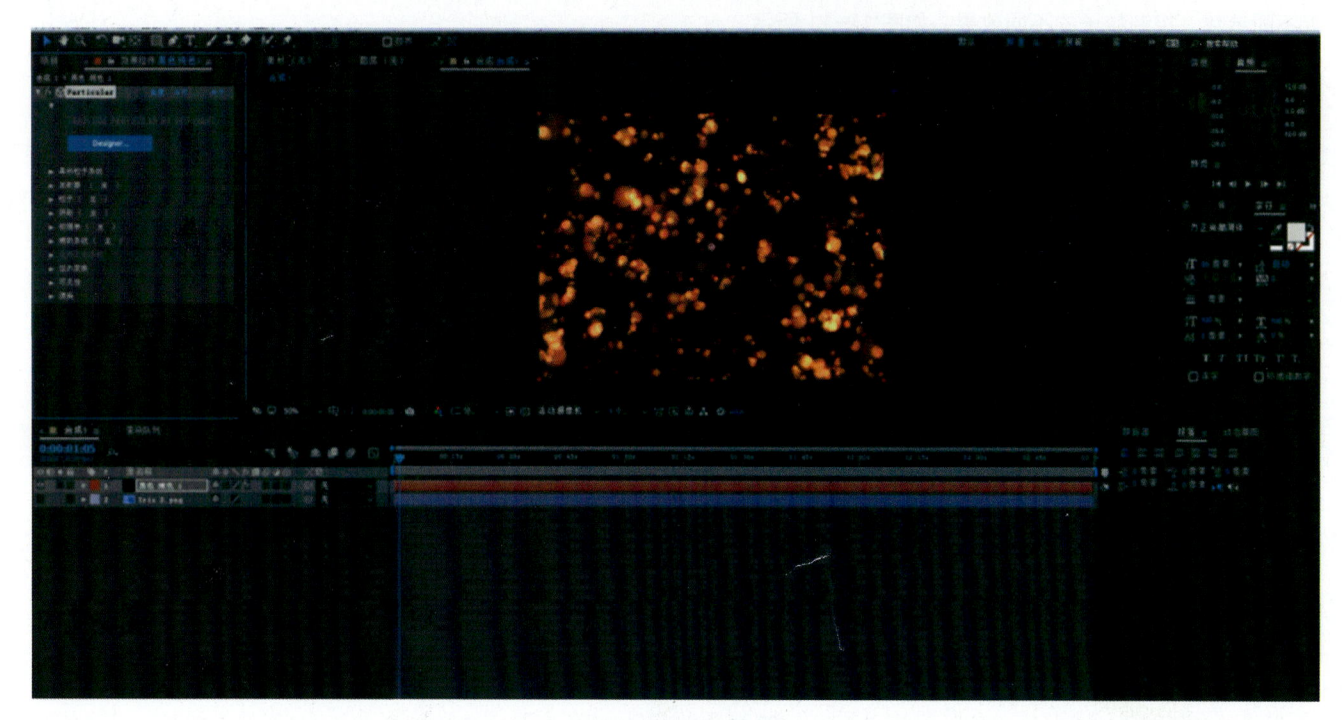

图 12-13

12.3 基础案例：神奇的吹风机

通过以上的学习已经掌握了Trapcode Particular面板的基本操作方法，下面开始进入实战演练，下面这个案例将重点介绍使用Trapcode Particular中的流光粒子特效。

（1）打开AE软件，新建一个合成项目，如图12-14所示。

（2）执行"文件"→"导入"→"文件"命令，在弹出的"导入文件"对话框中找到"吹风机.jpg"素材文件，单击"导入"按钮将其导入即可，如图12-15所示。

（3）将素材库中的"吹风机.jpg"拖入到"时间线"窗口，在"预览"窗口调整大小位置，对齐屏幕即可，如图12-16所示。

（4）在"时间线"窗口中单击"图层"按钮，在展开的下拉菜单中执行"新建"→"纯色"命令，即可在"时间线"窗口添加"黑色纯色"图层，如图12-17所示。

（5）为"黑色 纯色"图层添加"Trapcode Particular"特效，如图12-18所示。

（6）单击"效果"控制面板中的"Designer"按钮，即可弹出"Particular"粒子动画调节面板，如图12-19所示。

（7）在弹出的"Particular"面板左上角类型"堆栈"中选择"Light and Magic"下的"Flow Strings"流光类型，如图12-20所示。

（8）在"Particular"面板右上角的"Emitter Type"中选择"Sphere"类型，如图12-21所示。

（9）单击右下角的应用"Apply"按钮即可，如图12-22所示。

（10）在"预览"窗口可以看到流光光效直接添加上了，纯色图层直接变成了透明图层，如图12-23所示。

第 12 章　插件——粒子插件 Trapcode Particular　171

图 12-14

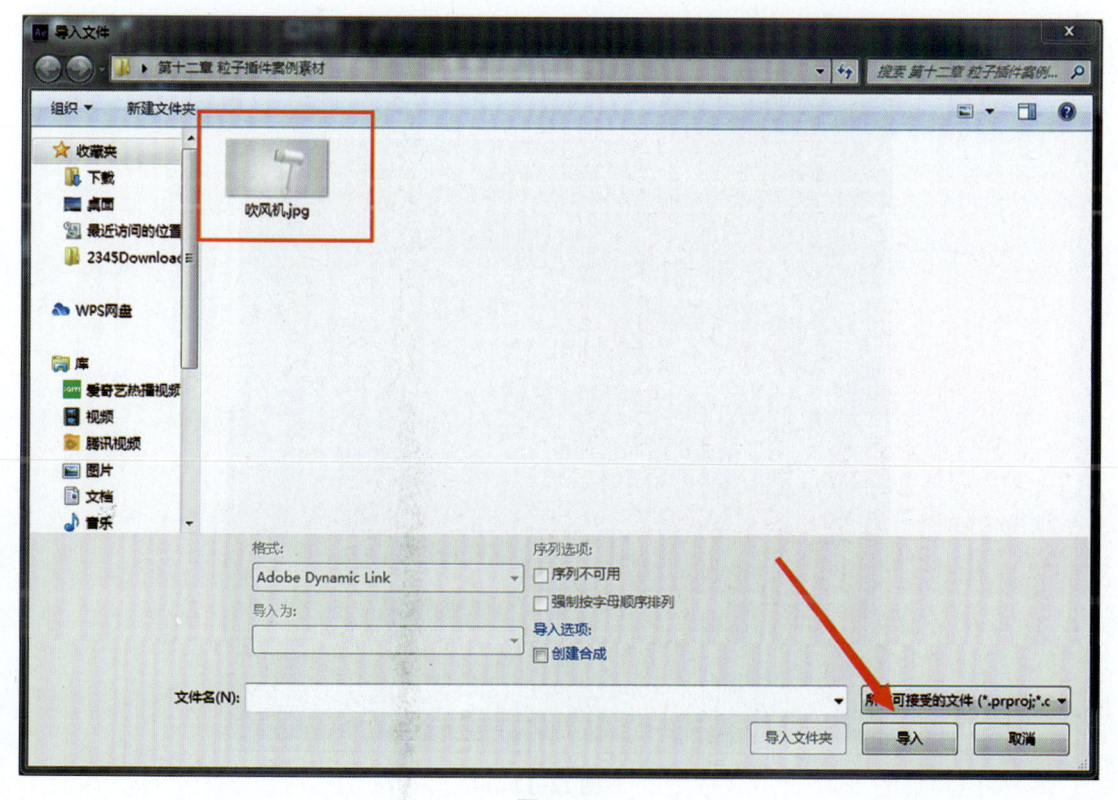

图 12-15

第 12 章 插件——粒子插件 Trapcode Particular

图 12-16

图 12-17

第 12 章　插件——粒子插件 Trapcode Particular　173

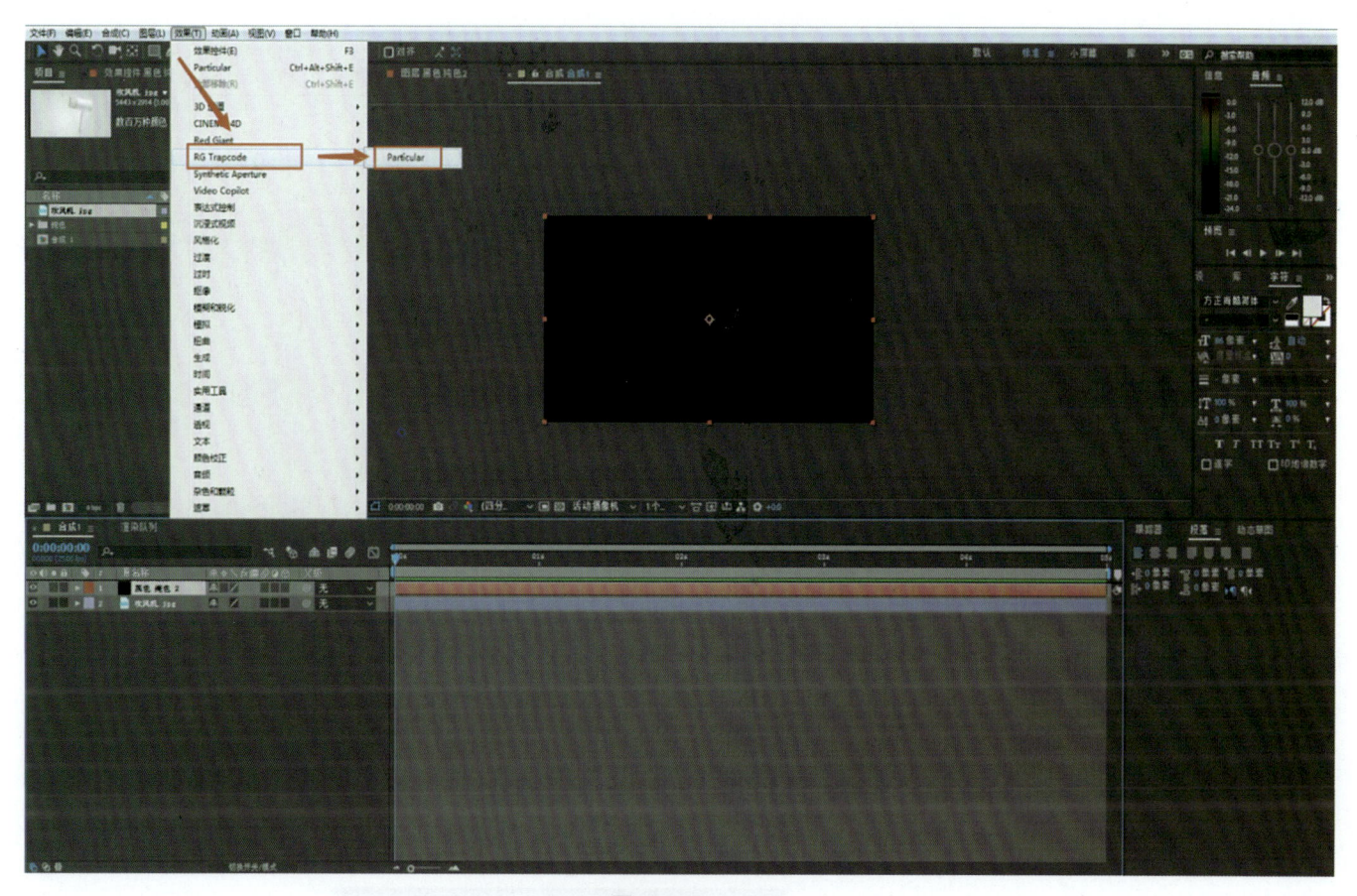

图 12-18

图 12-19

174 第 12 章 插件——粒子插件 Trapcode Particular

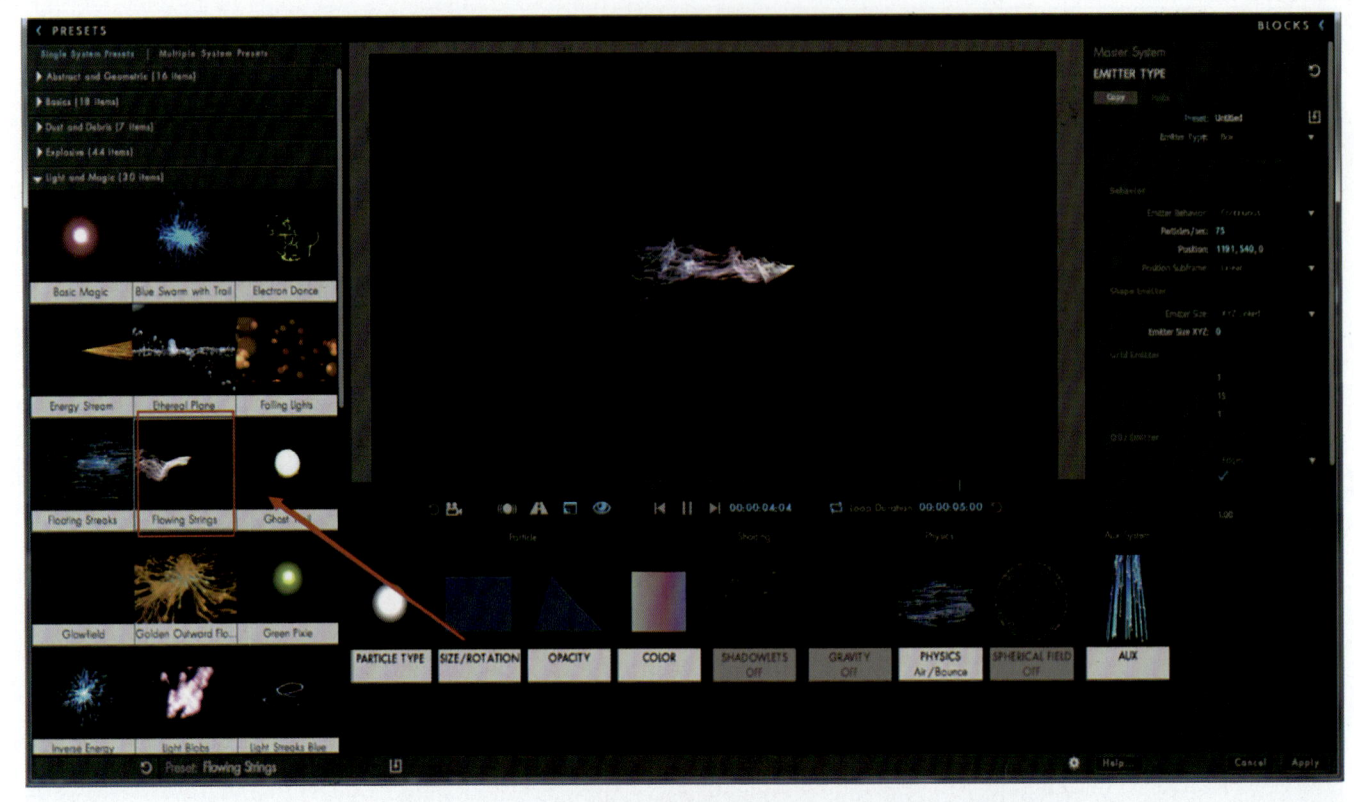

图 12-20

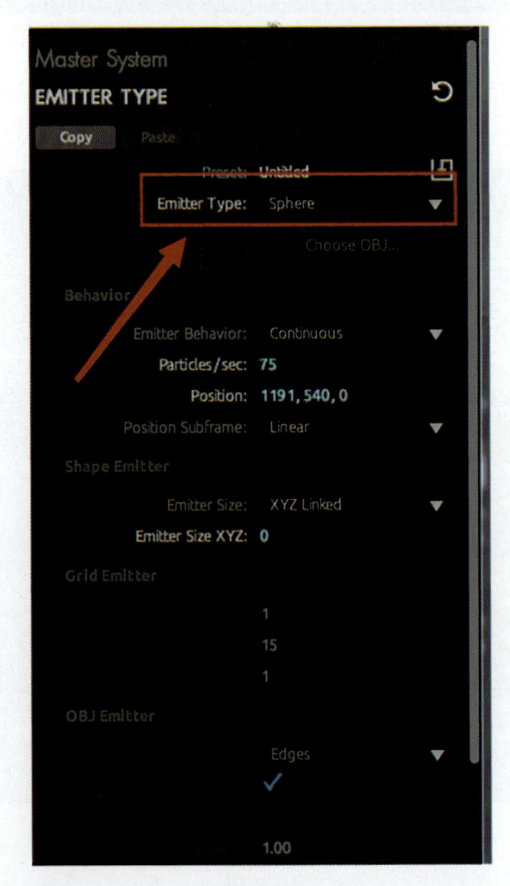

图 12-21

第 12 章　插件——粒子插件 Trapcode Particular　175

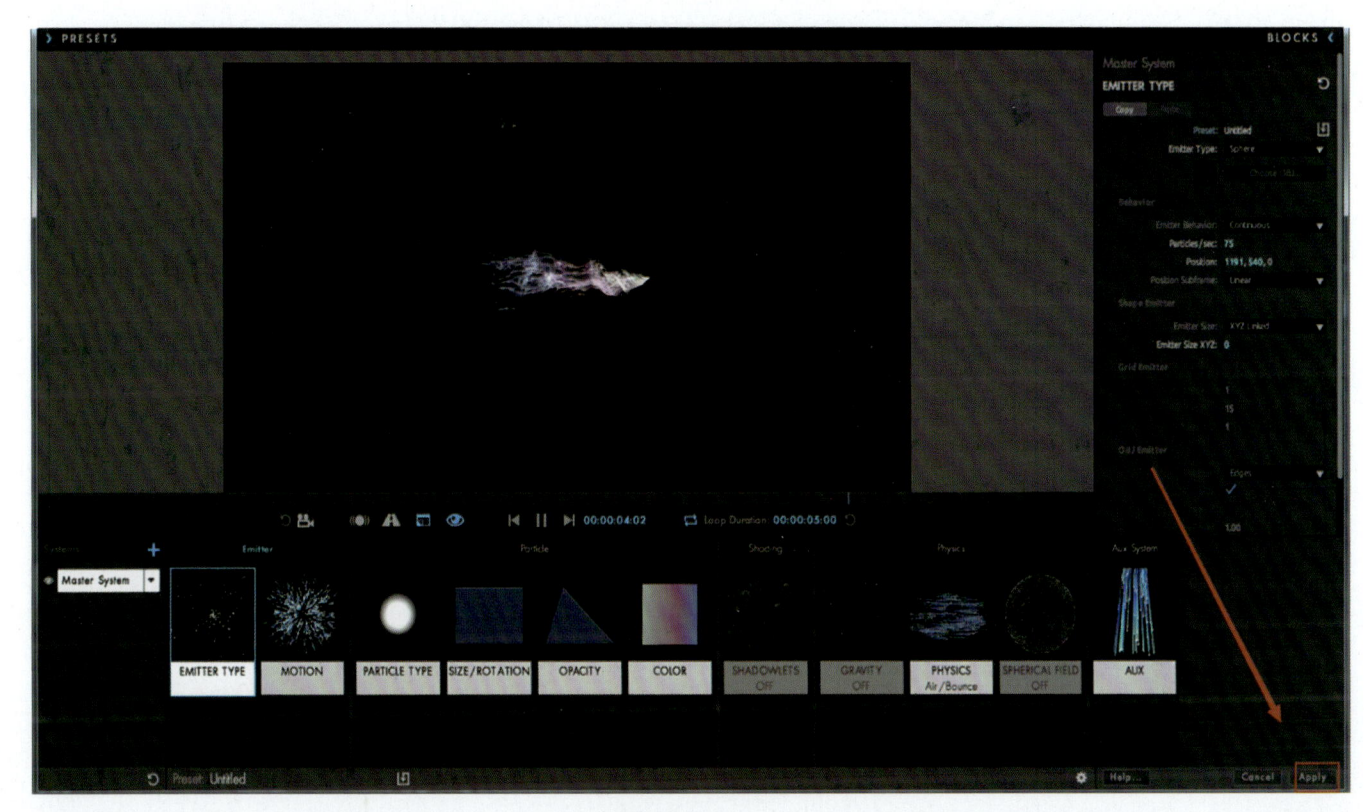

图 12-22

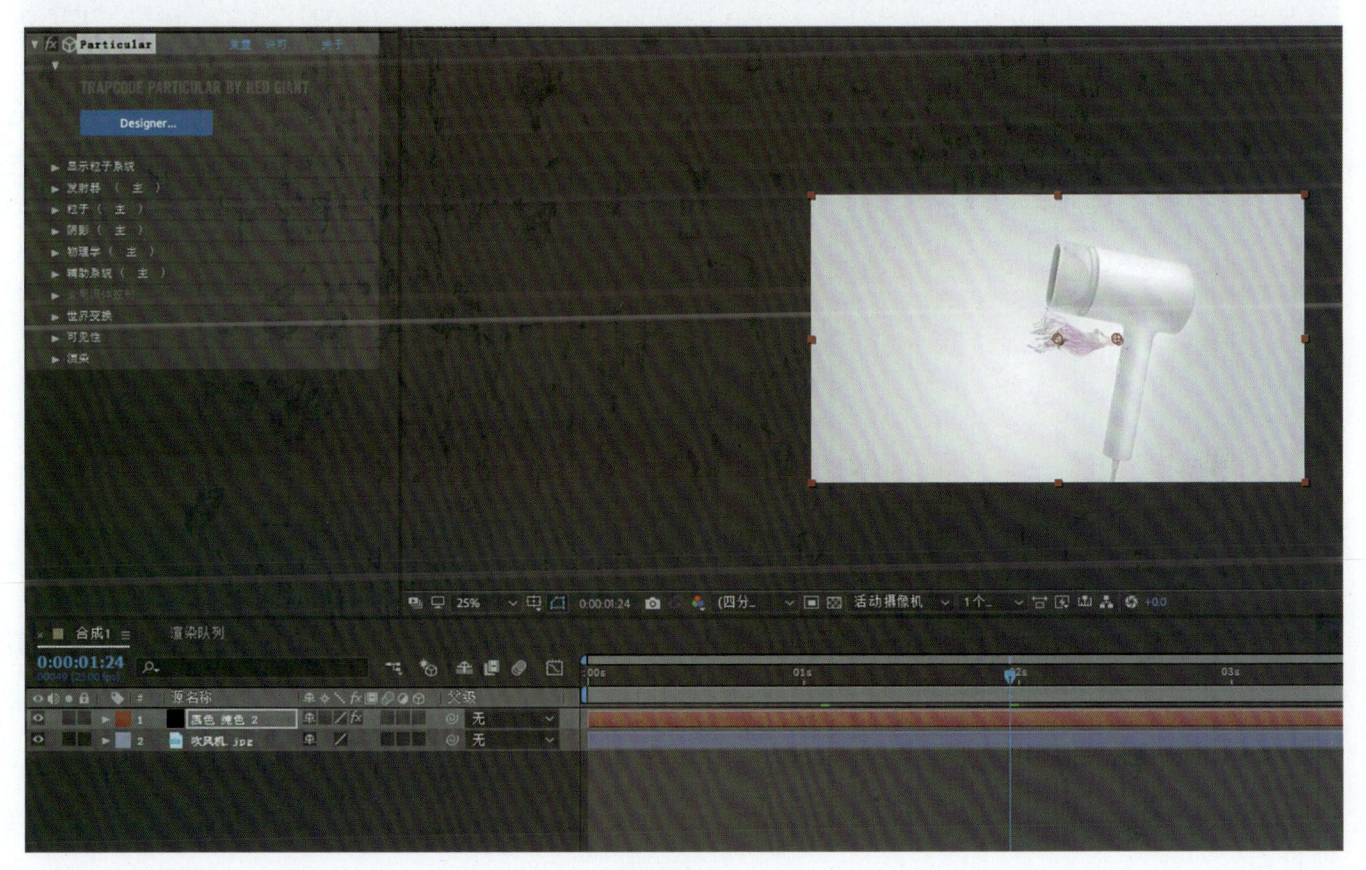

图 12-23

（11）打开"黑色 纯色"图层的位置属性，调整 x、y 位置参数为"685.0,305.0"，如图 12-24 所示。

（12）打开"缩放"属性，调整参数为"120.0,120.0"，如图 12-25 所示。

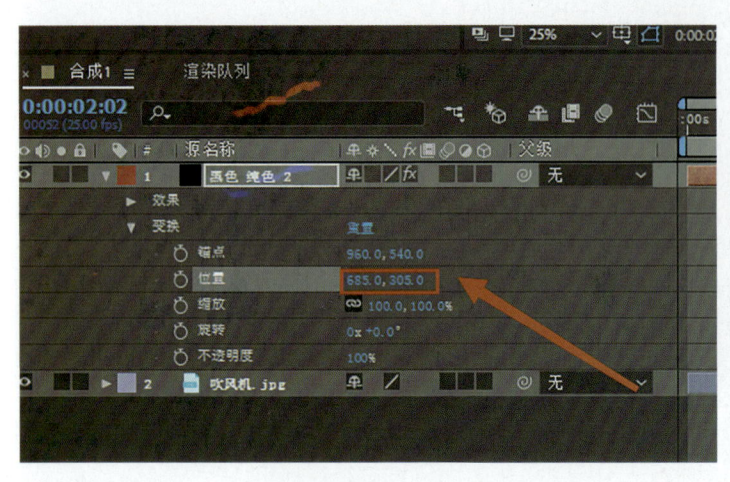

图 12-24

图 12-25

（13）单击"预览"控制台的"播放"按钮，即可观看流光效果，如图 12-26 所示。

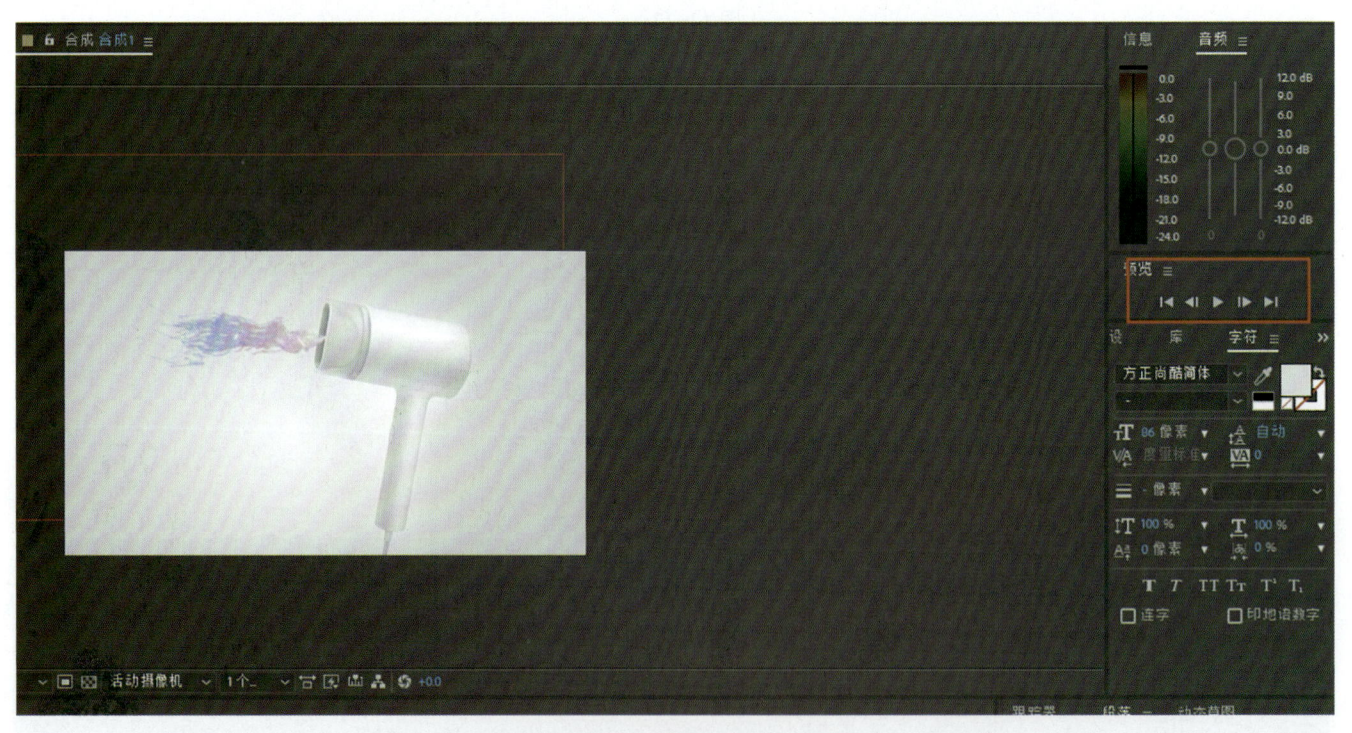

图 12-26

（14）至此，吹风机的特效制作完毕，再次预览无误后，即可将合成添加到渲染队列导出视频即可，如图 12-27 所示。

第 12 章　插件——粒子插件 Trapcode Particular　177

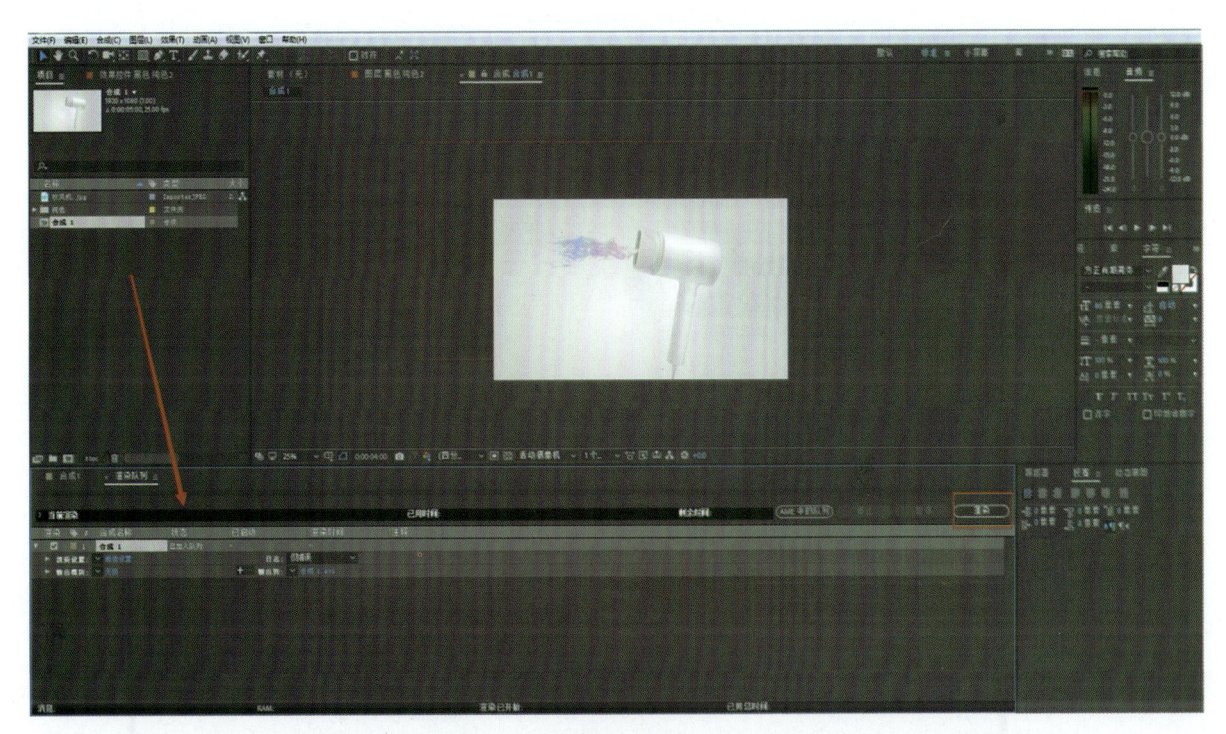

图 12-27

12.4　进阶案例：魔法火焰

通过以上的学习，已经掌握了 Particular 基本粒子动画添加的方法，下面开始进入更高级的实战演练。下面这个案例将重点介绍 Trapcode Particular 中的火焰粒子特效。

（1）打开 AE 软件，新建一个合成项目，如图 12-28 所示。

进阶案例：魔法火焰

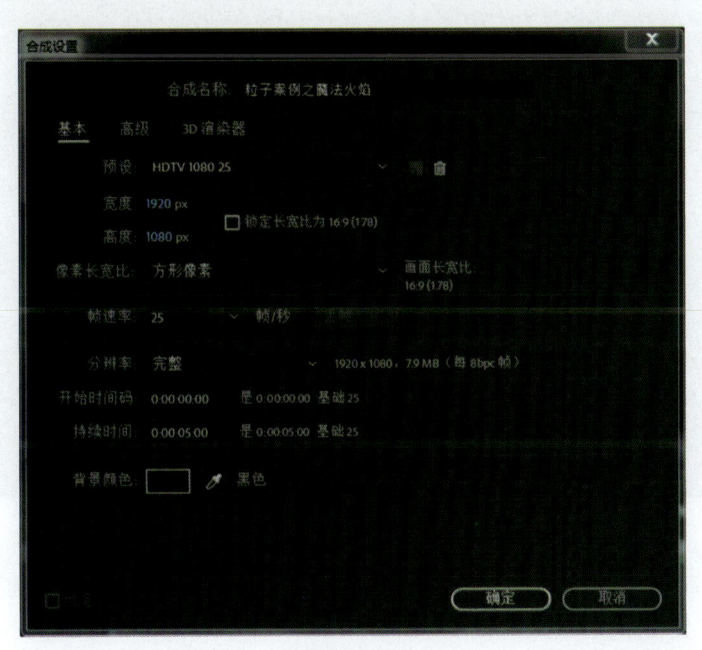

图 12-28

（2）执行"文件"→"导入"→"文件"命令，在弹出的对话框中找到"魔法火焰.mp4"素材文件，将其导入即可，如图 12-29 所示。

图 12-29

（3）将素材库中的"魔法火焰.MP4"拖入"时间线"窗口，在"预览"窗口调整其大小和位置，对齐屏幕即可，如图 12-30 所示。

图 12-30

（4）在"时间线"窗口中单击"图层"按钮，在展开的下拉菜单中执行"新建"→"纯色"命令，即可在"时间线"窗口添加"纯色"图层，如图 12-31 所示。

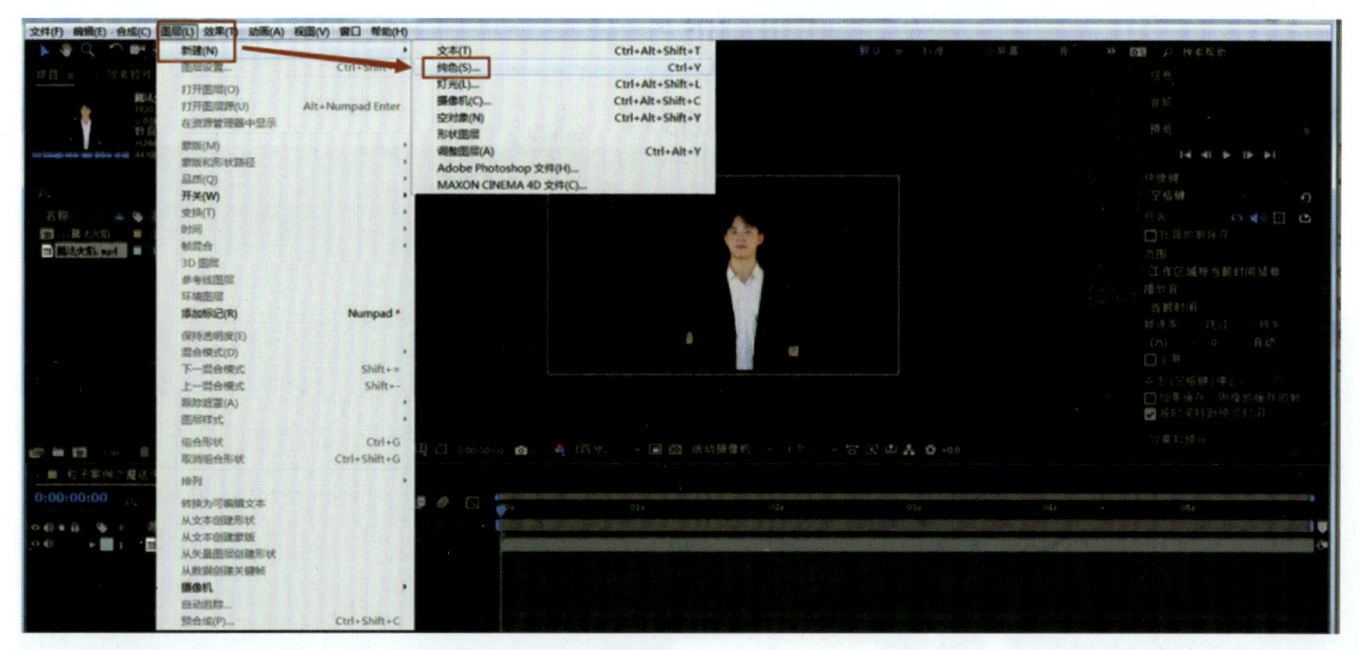

图 12-31

（5）为"纯色"图层添加"Particular"特效，如图 12-32 所示。

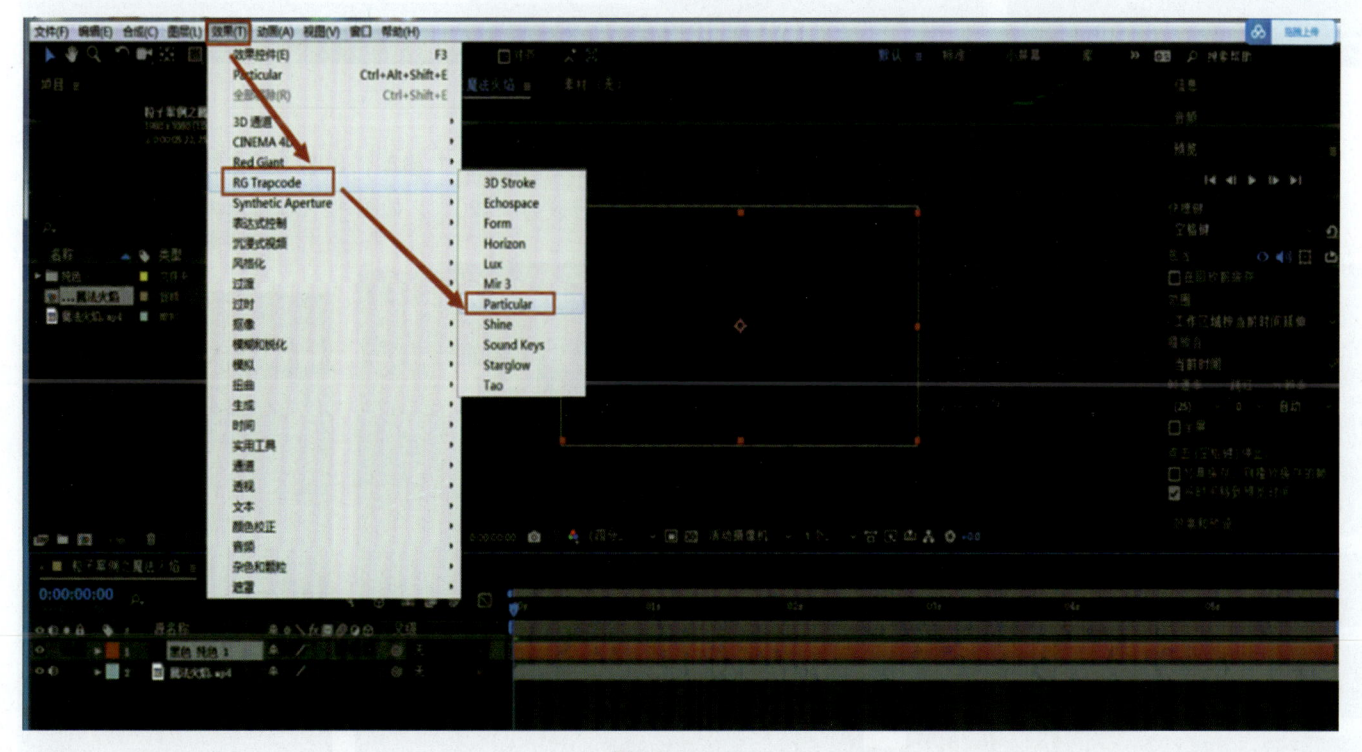

图 12-32

（6）此时在"合成"面板中已经添加上了"Particular"粒子动画，"纯色"图层变成透明的，粒子在不断向四周扩散。

（7）单击"效果控制"面板中的"Designer"按钮，弹出"Particular"粒子动画调节面板，如图 12-33 所示。

(8)在弹出的"Particular"面板左上角类型"堆栈"中选择"Smoke and Fire"下的"Hazy Fire"火焰类型,如图 12-34 所示。

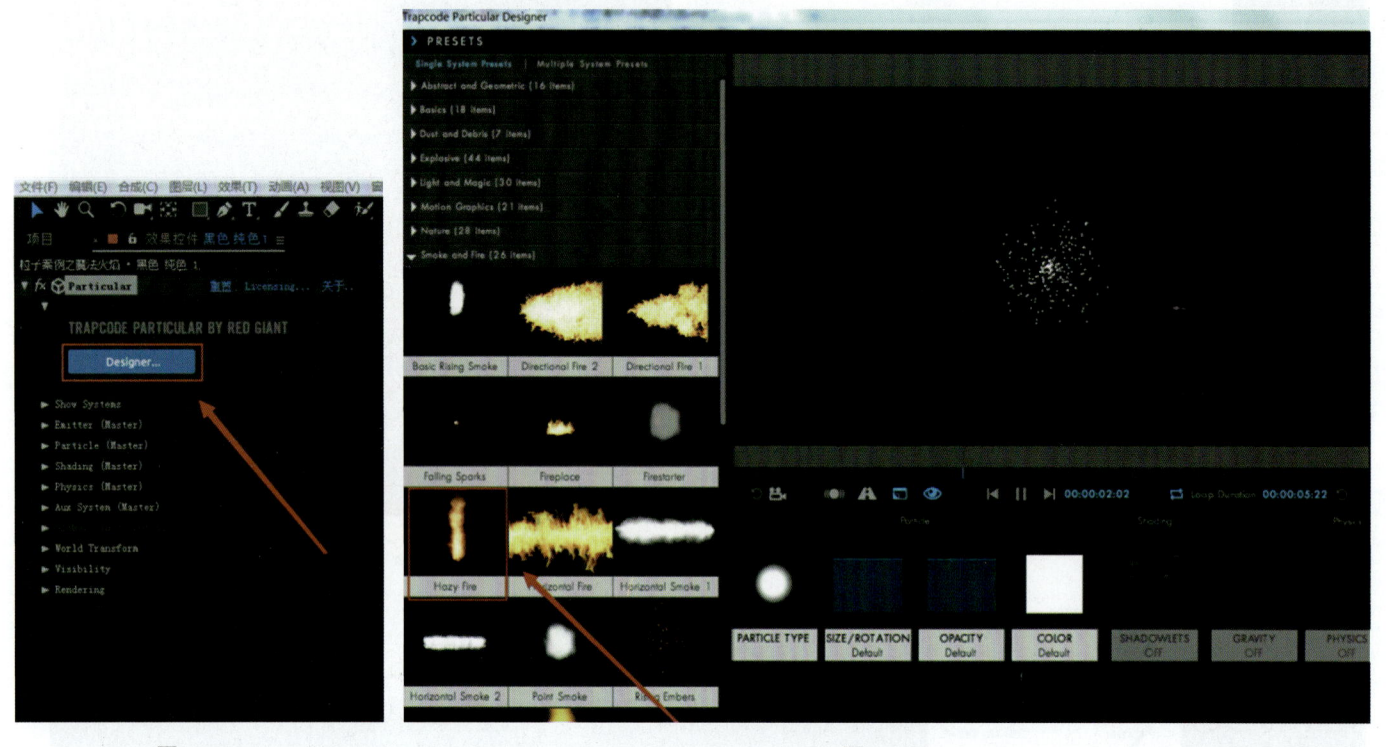

图 12-33

图 12-34

(9)在面板的右上角"Emitter Type"中选择"Sphere"类型,如图 12-35 所示。

(10)将下方的"Emitter Size XYZ"参数修改为"120",如图 12-36 所示。

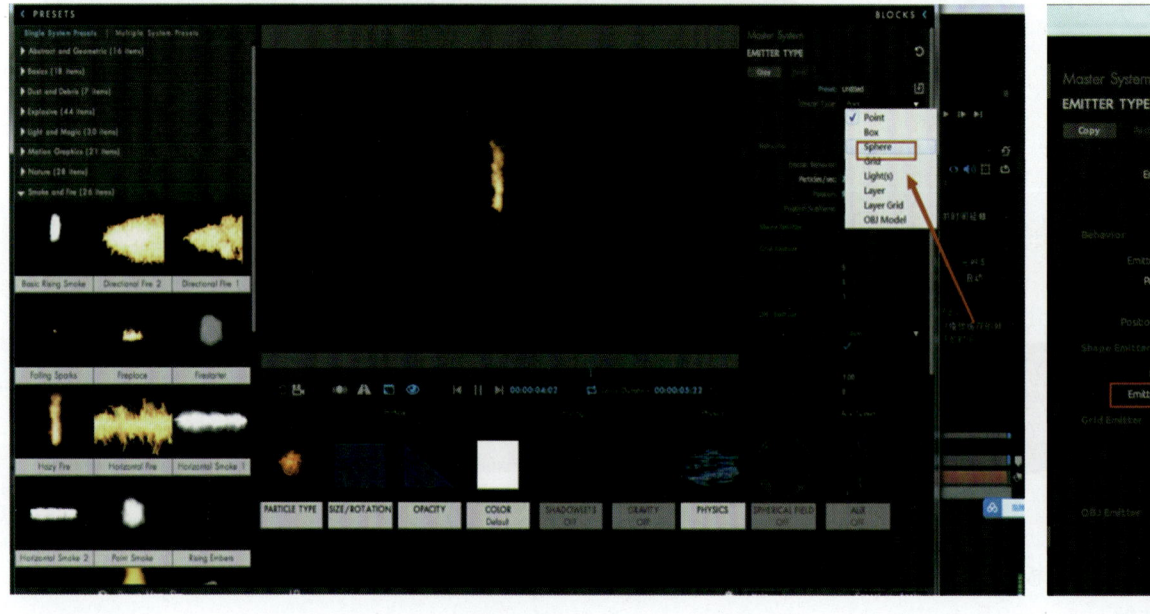

图 12-35

图 12-36

(11)单击右下角的应用"Apply"按钮即可,如图 12-37 所示。

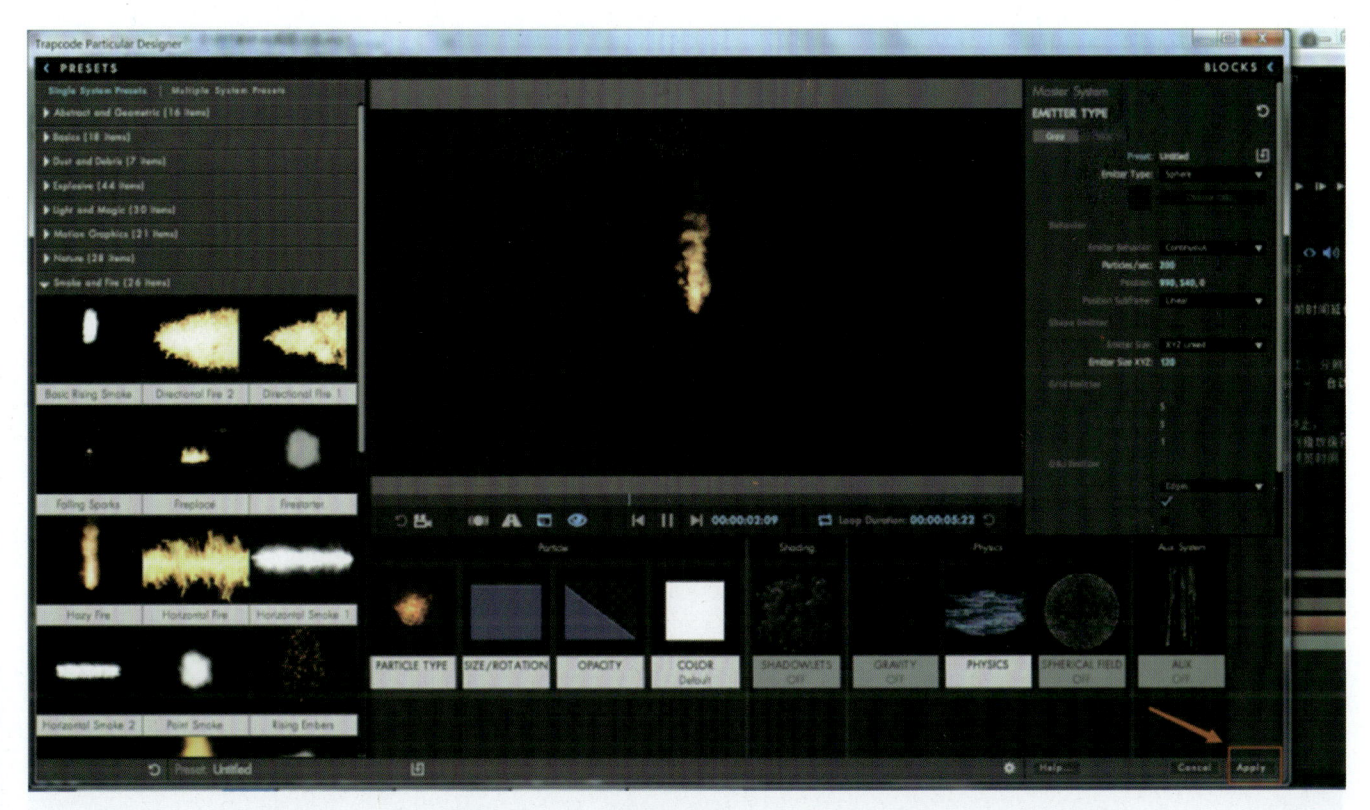

图 12-37

（12）在"预览"窗口可以看到直接添加上了火焰光效，纯色图层直接变成了透明图层，如图 12-38 所示。

图 12-38

（13）在效果控制区中找到"Particular"效果的位置选项，在素材角色"伸出手"的位置上调节火焰的位置，如图 12-39 所示。

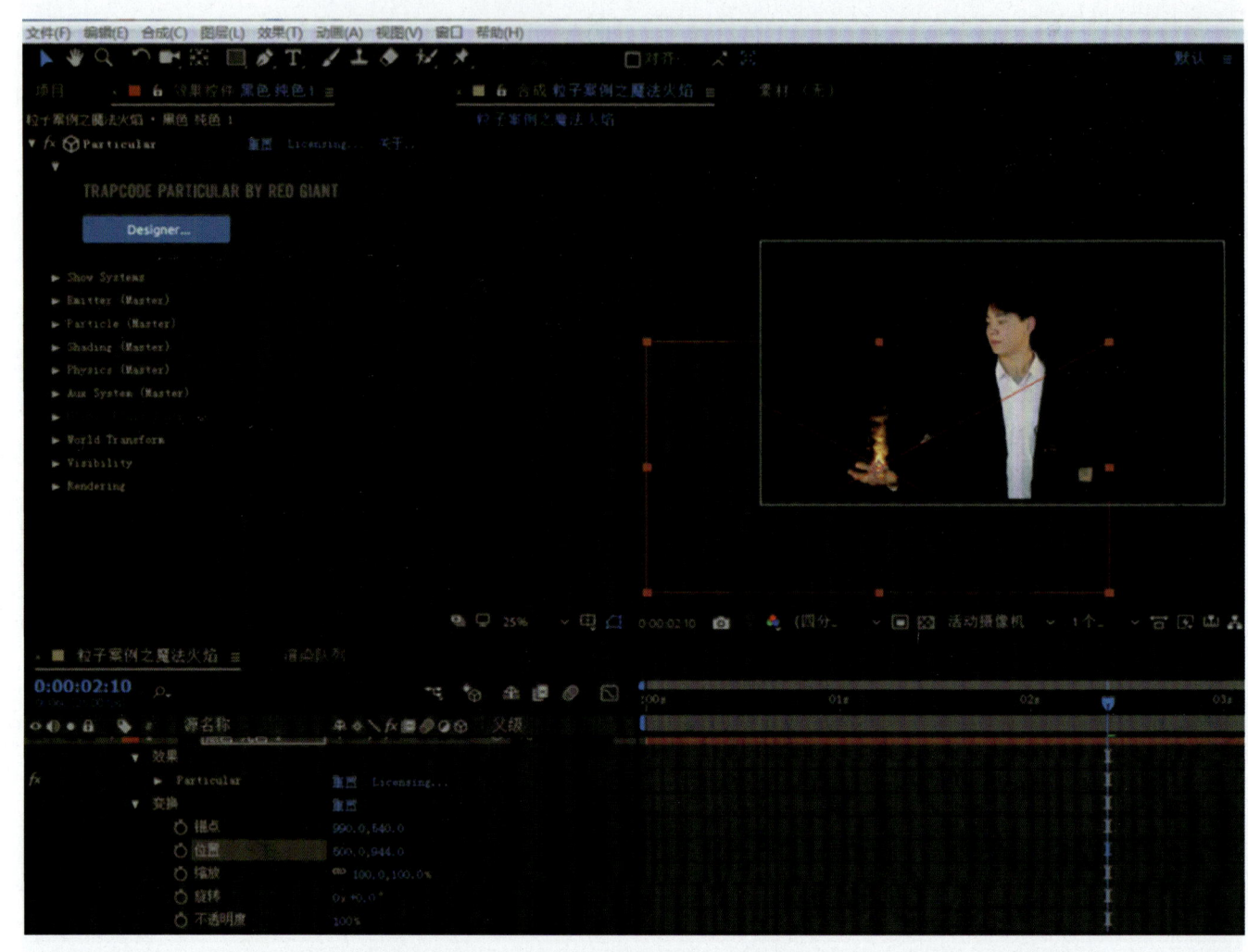

图 12-39

（14）制作火焰消失的关键帧动画。在"时间线"面板中将时间滑块放到素材角色"手打开"的位置（2 秒 15 帧）处，设置"Particular（Master）"下拉菜单中的"Life"参数为"0.0"，点击前面的"秒表"按钮即可添加关键帧，在 1.15 秒处设置参数为 80，在 2 秒处设置参数为"30"，以此类推重复设置关键帧，如图 12-40 所示。

图 12-40

（15）将时间控制滑块往后移动 2 帧到（2 秒 17 帧）处，修改"Life"参数为"0.5"，如图 12-41 所示。

图 12-41

（16）将时间控制滑块移动到素材角色"手握起来"的位置，单击"Life"属性前的"在当前时间添加或移除关键帧"按钮，这样就设置了和第 2 个关键帧属性一样的第 3 个关键帧，如图 12-42 所示。

图 12-42

（17）将时间滑块向后移动 4 帧，设置火焰消失的关键帧动画，将"Life"属性参数改为 0.0 即可，如图 12-43 所示。

图 12-43

（18）单击"预览"窗口中的"播放"按钮即可看到火焰已成功地添加到了素材角色的手中，并跟随角色动作作出了消失的动画，但整体效果不够完美，火焰过于透明，因此可以按 Ctrl+D 组合键直接复制"黑色纯色"图层 1，如图 12-44 所示。

图 12-44

（19）可以再次预览火焰燃烧效果，如图 12-45 所示。

图 12-45

（20）预览后发现火焰燃烧过于浓烈，可以将复制后的"纯色"图层"不透明度"参数设置为"30%"，如图 12-46 所示。

图 12-46

（21）至此，男孩手中的魔法火焰特效制作完毕，再次预览无误后，即可将合成添加到渲染队列，然后导出视频即可，如图 12-47 所示。

图 12-47

第 12 章　插件——粒子插件 Trapcode Particular

学习效果评估

完成本章节内容的学习后，你对自己的学习情况是怎样评价的，请扫码完成下面的学习效果评估表。

职场小知识

影视后期粒子特效师岗位职责：

1. 按照分镜及制作要求完成镜头中粒子特效元素的制作及渲染。

2. 能按时高效地完成镜头制作任务，能够解决粒子特效技术上的难点。

3. 按照项目整体特效风格和美术要求去独立完成环节内的工作，对节奏和形态把控精准。

4. 熟练运用第三方粒子插件实现各种动画模拟。

参考文献 REFERENCES

[1] 刘峰，吴洪兴，赵博. 数字影视后期制作[M]. 北京：中国广播电视出版社，2013.

[2] 王禹，张耀华，陶莉. After Effects 影视后期特效实战教程[M]. 成都：四川大学出版社，2018.